羊病中草药验方与针刺疗法

YANGBING
ZHONGCAOYAO YANFANG
YU ZHENCI LIAOFA

● 李典友　高本刚　编著

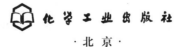

化学工业出版社

·北京·

图书在版编目（CIP）数据

羊病中草药验方与针刺疗法/李典友，高本刚编著．
北京：化学工业出版社，2019.1
　ISBN 978-7-122-33430-5

　Ⅰ．①羊… Ⅱ．①李…②高… Ⅲ．①羊病-验方-
汇编②羊病-针刺疗法 Ⅳ．①S858.26

中国版本图书馆 CIP 数据核字（2018）第 281583 号

责任编辑：邵桂林　　　　文字编辑：陈　雨
责任校对：边　涛　　　　装帧设计：韩　飞

出版发行：化学工业出版社
　　　　　（北京市东城区青年湖南街 13 号　邮政编码 100011）
印　　刷：北京京华铭诚工贸有限公司
装　　订：三河市振勇印装有限公司
850mm×1168mm　1/32　印张 12　字数 178 千字
2019 年 4 月北京第 1 版第 1 次印刷

购书咨询：010-64518888　　　售后服务：010-64518899
网　　址：http://www.cip.com.cn

定　　价：49.00 元　　　　　　　　版权所有　违者必究

中兽医学是我国传统兽医学,已有数千年的发展历史,并形成了独特的理论体系和以辨证施治为特点的中草药方药、针灸与诊疗畜病技术。中兽医学具有治病范围广泛、疗效可靠,使用安全、经济,毒副作用小,不易在畜禽产品中产生有害残留物质等特点。笔者多年在羊病临床诊疗中探讨和发掘并广泛收集、推广民间就地取用且能有效防治羊病的多种中草药良方、验方、秘方、土方和奇巧多功的针刺疗法。不仅提高了疗效,缩短了疗程,降低了医疗费用,而且可以减少羊肉及其产品中的药物残留,防止耐药菌株的产生。

为了发掘、推广和正确选用民间中兽医用草药良方、验方、秘方、土方和针刺疗法,提高羊病治疗效率,促使养羊产业高产、优质、健康持续发展,编著者汇集成功施治羊病的经验,编写成《羊病中草药验方与针刺疗法》一书,以期对发展无公害的羊产品发挥重要作用。

书中全面系统地介绍了羊病预防知识,羊病中西兽医诊疗技术要领,羊常见传染病诊治,羊寄生虫病诊治及羊内科、外科和产科等各类病患的诊治方法,最后介绍了羊阉割术及并发症防治方法等。在编写过程中，力求内容丰富，翔实，新颖，科学实用，方法简易，可操作性强，文字通俗易懂，图文并茂。适于羊养殖技术人员和兽医工作者，视羊病因地制宜、辨证选用；亦可供农业院校兽医专业师生教学和科研人员参考。

由于笔者水平所限，加之编写时间仓促，书中难免有疏漏和不妥之处，恳请各位同仁、专家和读者不吝指正，以便再版时修正补充。

编著者
2019 年 1 月于皖西学院

目录

第三章｜羊常见传染病防治

第四章 ｜ 羊寄生虫病防治

第五章 | 羊的内科疾病防治

第六章 | 羊外科、产科疾病防治

第七章 │ 羊的阉割技术

参考文献

第一章

羊病预防基础知识

一、羊传染病预防

羊传染病是因病原微生物在被感染的动物体内生存繁殖，并不断地从体内排出，感染健康羊和其他羊的一类疾病。被病原微生物污染的各种外界环境因素，有饲料、水源、空气、土壤、羊的圈舍、用具等。多数患传染病的羊在发病期排出的病原微生物数量大、毒力强、传染性大，是主要的传染源。有些羊传染病在临床症状消失后，体内仍有残存病原微生物排出。一般病原体随分泌物（如粪便、尿液、阴道分泌物、唾液、精液、乳汁、眼分泌物等）排出体外。病原体排出的途径较多，当病原体局限于一定组织器官时，病原体排出的途径一般比较单纯，可随所有分泌物、排泄物排出。有的传染病病原体自呼吸道排出。传染病的传播方式在没有外界因素参加的情况下，为病羊与健康羊直接接触。若有外界因素参加，病原体可通过饲料、饮水、空气、土壤、用具等传播，活的媒介如昆虫、鼠类等动物和没有严格执行兽医卫生制度的工作人员等，都可能间接传染给健康羊，有许多传染病既能直接接触也能间接接触而传染，往往导致传染病的大规模流行和传染。羊的发病率与羊的饲养管理水平、羊的抗病能力关系极大。

羊病预防需查明羊病来源，从而合理拟定预防和消灭传染病的措施。羊传染病的预防关键在于防止健康羊接触病羊。此外，应严格进口检疫，切断传播途径，消灭传播媒介；同时要加强饲养管理及防寒防暑，保持栏舍干燥、透光、通风，禁喂霉变和冰霜饲料，搞好卫生，严格消毒和免疫接种，以提高羊体的抗病能力。对于羊的疫病防治可采取综合性防治措施。引进种羊应来自非疫区，新进的羊必须隔离观察，经检疫认为健康后方可混群；避免与疫情不明羊群共同牧养；检查发现疫情时，立即封锁牧区，隔离病羊群并及时治疗或紧急接种；烈性疫病最彻底的解决办法是将病染羊全部扑杀，病尸和污染物应采取焚毁或用石灰掩埋等无害化处理，圈舍、饲养用具应用2％氢氧化钠溶液或4％碳酸钠溶液消毒，7～10日后若未检查出疫情才能解除封锁，从而把疫病发生概率控制在最小范围内。

1. 严格检疫

检疫是应用各种诊断方法（临床诊断、实验室诊断等），对羊及其产品进行疫病（主要是传染病和寄生虫病）检查，并采取相应的措施，以防疫病的发生和传播。为了做好检疫工作，必须有一定的检疫手续，以便在羊流通的各个环节中做到层层检疫，环环扣紧，互相制约，从而杜绝疫病的传播蔓延。羊从生产到出售，要经过出牧场检疫、收购检疫、运输检疫和屠宰检疫，涉及外贸时，还要进行进出口检疫。出牧场检疫是所有检疫中最基本、最重要的检疫；对于散养羊尤其要搞好农集市检疫，对进入市场的羊及其产品等进行健康检查，禁止病羊及危害人畜健康的羊产品上市。羊大群检疫时可用检疫夹道，羊在夹道内进行检疫，当发现烈性传染病时，应立即上报，划定疫区，采取严格的隔离、封锁等相应的防疫措施，并彻底消毒，尽快扑灭。

2. 自繁自养

养羊场或专业户饲养的羊羔和种羊，应选择健康良种公羊和母羊进行自繁自养和育肥，这样既可以避免引购新羊时带入病原体，减少疾病的发生，也可以利用杂交一代的杂交优势，提高羊的品质和育肥效果，降低养羊成本。

3. 搞好清洁卫生和严格消毒

消毒通常是指用化学药物或其他方法来消灭外界环境、羊体表面及饲养用具上的病原微生物及其芽孢、寄生虫、幼虫、虫卵、虫囊和吸血昆虫等，是截断传播途径的重要手段之一。羊圈舍和饲具应经常保持干燥，每次清扫粪便及污物后，要将粪便及污物进行堆积发酵。羊舍、用具每年春、秋季各进行 4 次大清扫、大消毒，以后每月消毒 1 次。产房在母羊临产前要彻底消毒。每批羊出栏后要对圈舍进行彻底消毒，并充分干燥后才可进羊。对病羊的分泌物、排泄物、血液及其分泌物污染的土壤、场地、圈舍、用具和饲养人员的衣服、鞋等都要彻底消毒。发生疫病时每周消毒 1 次。

经常保持圈舍的良好通风和干燥，每天清扫羊圈舍的地面，清除粪便及其他污物。

预防传染病消毒的方法常用物理消毒法和化学药物消毒法，粪便则常用堆积发酵生物消毒法。

（1）物理消毒法

① 用火焰喷射器消毒养羊场地面、墙壁、垃圾和铁制工具等。

② 用 100℃ 的沸水消毒医疗器械、工作服等30～45 分钟。

③ 用蒸汽消毒羊圈舍 30 分钟。

④ 日晒消毒，圈舍要设有向阳的窗户，白天要勤开窗户，让阳光充分照射圈舍。

（2）化学药物消毒法　使用烧碱等化学药剂，每10 个月消毒 1 次。常用的有 2%～4% 烧碱溶液，20% 草木灰热溶液，10%～20% 生石灰乳剂，5% 来苏儿溶液，3%～5% 臭药水，10% 漂白粉混悬液，4% 福尔马林溶液，0.5% 过氧乙酸溶液等。使用时将这些消毒药喷洒在圈舍的地面和墙壁上，消毒完一定要用水将消毒处冲洗干净。对羊的屠宰场地、圈舍、用具及其他污染物必须严格消毒，以免扩大传染范围。消毒剂要求现用现配，药液用量可根据羊舍内面积大小而定。

（3）羊粪堆积发酵生物消毒法　羊寄生虫病的种类很多，羊的粪便中常带有蠕虫的卵、幼虫、虫体及其节片；某些原虫的卵囊、包囊也通过粪便排出。因此，粪便是羊寄生虫病的主要传染源，应定期消毒杀灭病原体和虫卵等，以达到预防传染病和寄生虫病传播的目的。少量粪便可深埋处理，清理羊群的多量粪便应集中进行生物发酵处理，利用粪便内细菌发酵产生的热量来达到消毒的目的。其方法是：在离羊舍、水源和放牧场稍远的地方挖一浅沟，深约 20 厘米，宽约 1.5～2 米，长度不限（按粪量多少而定），沟底先铺上健康羊粪，厚约 25 厘米，再将病羊粪堆上，高 1.5～2 米，在外面再盖上一层约 10 厘米厚的泥土密封，粪便较稀时应加些干草，太干时可加入水，使其迅速发酵。夏季气温高时约 1 个月，冬季气温低时需经 2 个月左右，可起到消毒和杀死其中虫卵的作用。

二、羊圈舍常用消毒药液的配制和使用

养羊需要经常用消毒液对羊的圈舍和食具进行消毒，特别是病羊圈舍和用具，更应进行消毒。常用的几种消毒液配制和使用方法介绍如下。

1. 草木灰的配制和使用

取草木灰（干燥，新鲜）30 份，加水 100 份，煮沸 1 小时，补足蒸发掉的水分，过滤后取滤液趁热

使用效果最好。草木灰对羊的病毒性疾病有良好的消毒效果。可用于用具、羊圈舍地面、圈栏等的消毒。

2. 石灰乳的配制和使用

取生石灰 10 份，加水 10 份，缓慢搅拌，待石灰块溶解为糨糊状后，再行配制：加水 80 份即成 20％石灰乳；加水 90 份即成 10％石灰乳。石灰乳对一般病原体有较强的杀灭力。

3. 生石灰粉的配制和使用

取生石灰块 10 份，缓慢加水 5～6 份搅拌，使其分解成粉末即可使用，适于撒在门口的消毒池内，也可涂刷羊圈舍墙壁、地面（尤其是阴暗潮湿的地面）、粪池及污水道等处消毒。生石灰粉不要放置过久，否则会失效。

4. 苛性钠溶液的配制和使用

取 97～99 份水，加 1～3 份苛性钠（烧碱），充分溶解后即成 1％～3％的热溶液（烧碱水）。趁热使用，对羊常见的一些病毒和细菌病具有良好的消毒作用。主要用于对病毒性和细菌性传染病污染的羊圈舍、饲槽、用具、运输工具等的消毒。5％苛性钠溶液用于炭疽芽孢污染有明显的消毒效果。此消毒液有强烈的腐蚀性，用时应注意人、畜的安全。

5. 漂白粉混悬液的配制和使用

取 5 份漂白粉，加水 95 份搅拌后即成 5％的混悬液，可用于杀死常见传染病中的病原微生物。取 20 份漂白粉，加水 80 份，搅拌后即成为 20％的混悬液，可杀死炭疽芽孢。1 立方米水中加入漂白粉 5～10 克，可用作饮水的消毒。10％～20％乳剂常用于羊圈舍、用具、地面、粪便及污水道处的消毒。配制的漂白粉应装在密闭的容器内。此消毒液有强烈的腐蚀性，不能用于金属和工作服的消毒，用时应注意人、畜安全，混悬液配好后 48 小时内要用完。喷雾器用完后应立即洗净。

6. 煤焦油皂液（臭药水）的使用

3％～5％煤焦油皂液适用于羊舍、排泄物、场地等的消毒。

7. 过氧乙酸的使用

用 0.5％过氧乙酸溶液喷洒消毒羊舍、饲槽、用具和运输车辆等，消毒效果较好。

三、羊的免疫接种

免疫接种可激发羊体产生特异性抵抗力，从而预防和控制羊传染病。免疫接种是激发动物机体对某种传染病发生特异性抵抗力，使其易感性降低的一种有效手段。平常在某种传染病常发地区，为了防止和控制健康羊群患某种传染病，在发病之前要定期有计划地给健康羊进行免疫接种。预防接种通常采用疫苗、菌苗、类毒素等。疫苗是预防病毒性疾病的生物制剂，菌苗是预防细菌性疾病的生物制品，均可使羊体产生自动免疫。接种后经一定时间（数日至 3 周）可获得数月至 1 年以上的免疫力。由于各地区各羊场可能发生的传染病不同，可以预防和控制流行的某些传染病疫苗又不尽相同，免疫期长短不一。因此，羊场往往需要用多种疫苗、菌苗来预防和控制不同羊的传染病，这就需要根据各种疫苗的免疫特性和本地区发病情况，合理安排使用疫苗的种类、免疫次数和间隔的时间，采取适合本地、本羊场具体情况的免疫程序。如使用羊梭菌病四防氢氧化铝菌苗，重点预防快疫和肠毒血症时，应在母羊配种前 1～2 个月或配种后 1 个月左右进行预防注射；个别羊在距产羊羔期达 10 个月时，应在产羊羔前对生产母羊再注射 1 次。

（一）羊的常用疫苗简介

由于羊的许多传染病都有季节性发生的特点（其

中大部分在春秋流行）因此，要在每年的秋季做定期防疫注射。接种后，其中大部分羊经一段时间可获得半年至一年以上的免疫力。目前我国用于预防羊传染病的疫苗主要有：羊快疫、猝疽、肠毒血症三联疫苗，用于预防羊快疫、猝疽和肠毒血症；羊厌氧菌氢氧化铝甲醛五联疫苗，用于预防羊快疫、羔羊痢疾、猝疽、肠毒血症和黑疫；羔羊痢疾疫苗，用于预防羔羊痢疾；羊链球菌氢氧化铝疫苗，用于预防羊链球菌病；羔羊大肠杆菌疫苗，用于预防羔羊大肠杆菌病；羊肺炎支原体氢氧化铝灭活疫苗，用于预防由绵羊肺炎支原体引起的传染性胸膜肺炎；破伤风明矾沉淀类毒素和破伤风抗毒素，用于预防破伤风。疫苗接种时，通常一种预防疫苗只能预防一种传染病。具体接种什么疫苗要根据传染病种类，按疫苗瓶签说明加以稀释，找准注射部位，使用正确注射方式接种（详见表1-1）。

表1-1　羊的常用疫（菌）苗及其免疫方法

名称	用途	方法及用量	免疫期
无毒炭疽芽孢苗	绵羊炭疽病	绵羊颈部或后腿皮下注射0.5毫升，注射14日后产生免疫力	1年
		浓缩苗用时以1份苗加9份氢氧化铝胶液稀释后，绵羊皮下注射0.5毫升	1年

续表

名称	用途	方法及用量	免疫期
Ⅱ号炭疽芽孢苗	绵羊、山羊炭疽病	绵羊、山羊均皮下注射1毫升,注射后14日产生免疫	1年
蓝舌病鸡胚化弱毒疫苗	蓝舌病	流行地区接种疫苗是预防本病的可靠方法。幼羊在3月龄开始接种鸡胚化弱毒疫苗和牛胎肾细胞致弱的组织苗,对绵羊的免疫力较好。每年接种1次。母羊在配种前或在妊娠后3个月接种疫苗,接种剂量按说明书	1年
布氏杆菌猪型Ⅱ号疫苗	山羊、绵羊布氏杆菌病	山羊、绵羊臀部肌内注射0.5毫升(含菌50亿个),3月龄以内的羔羊和妊娠母羊均不能注射;饮水免疫时按每只羊内服200亿菌体计算,于2日内分2次饮服	绵羊1.5年,山羊1年
布氏杆菌羊型Ⅴ号弱毒冻干菌苗	山羊、绵羊布氏杆菌病	用适量灭菌蒸馏水稀释所需要的用量。皮下或肌内注射,羊为10亿活菌;室外气雾(露天避风处),羊每只剂量50亿活菌;羊可饮服或灌服,每只剂量250亿活菌	1.5年
布氏杆菌无凝集原(M-Ⅲ)菌苗	绵羊、山羊布氏杆菌病	无论羊只年龄大小(妊娠母羊除外),每只羊皮下注射1毫升(含菌250亿个)或每只羊口服2毫升(含菌500亿个)	1年
破伤风明矾沉淀类毒素	破伤风	绵羊、山羊颈部皮下注射0.5毫升,第2年再注射1次,免疫力可持续4年	1年
破伤风抗毒素	紧急预防和治疗破伤风病	皮下或静脉注射,治疗时可重复注射一至数次。预防1万~2万国际单位;治疗量2万~5万国际单位	2~3周

续表

名称	用途	方法及用量	免疫期
羊快疫、猝疽、肠毒血症三联菌苗	羊快疫、猝疽、肠毒血症	临用前每头份干菌1毫升，20%氢氧化铝胶盐水稀释，充分振匀。无论羊的年龄大小，一律肌内或皮下注射1毫升	1年
羊梭菌病四防氢氧化铝菌苗	羊快疫、猝疽、肠毒血症、羔羊痢疾	无论羊只年龄大小一律皮下或肌内注射3毫升	暂定0.5年
羊黑疫菌苗	羊黑疫	皮下注射，大羊3毫升，小羊1毫升	1年
羊黑疫、羊快疫混合苗	羊黑疫、羊快疫	羊无论年龄大小，一律皮下或肌内注射3毫升	1年
羔羊痢疾菌苗	羔羊痢疾	妊娠母羊在分娩前20～30日，皮下注射2毫升，第2次于分娩前10～20日皮下注射3毫升	母羊5个月，乳汁可使羔羊被动免疫
羊厌氧菌氢氧化铝甲醛五联苗	羊快疫、羊猝疽、羊痢疾、肠毒血症、羊黑疫	羊无论年龄大小，一律皮下或肌内注射3毫升	0.5年
羔羊大肠杆菌苗	羔羊大肠杆菌病	3月龄～1岁羊皮下注射2毫升，3月龄以内的羔羊皮下注射0.5～1毫升	0.5年
C型肉毒梭菌	羊肉毒梭菌中毒症	绵羊、山羊颈部皮下注射4毫升	1年
C型肉毒梭菌透析培养菌苗	羊C型肉毒梭菌中毒症	用生理盐水稀释，每毫升含原菌液0.02毫升，羊颈部皮下注射1毫升	1年
山羊传染性胸膜肺炎氢氧化铝苗	山羊传染性胸肺炎	山羊皮下或肌内注射，6月龄山羊5毫升；6个月内羔羊3毫升	1年

续表

名称	用途	方法及用量	免疫期
羊肺炎支原体氢氧化铝灭活苗	山羊、绵羊肺炎支原体引起的传染性胸膜肺炎	颈部皮下注射,成年羊3毫升,6个月以内羊2毫升	1.5年以上
羊流产衣原体油佐剂卵黄囊灭活苗	羊衣原体性流产	注射时间应在羊妊娠前或妊娠后1个月内进行,每只羊皮下注射3毫升	暂定1年
羊痘鸡胚化弱毒苗	绵羊、山羊痘病	用生理盐水25倍稀释,振匀,不论羊年龄大小一律皮下注射0.5毫升,注射后5天产生免疫力	1年
狂犬病疫苗	狂犬病	皮下注射10～25毫升,如羊已经被病犬咬伤,可立即用本苗注射10～20毫升,第2次间隔3～5日,以作紧急预防	暂定1年
牛羊伪狂犬病疫苗	羊伪狂犬病	山羊颈部皮下注射5毫升,本苗冻结后不能使用	暂定0.5年
羊链球菌氢氧化铝菌苗	绵羊、山羊链球菌病	背部皮下注射,6月龄以上羊每只5毫升,6月龄以下的羊每只3毫升,3个月以下的羔羊,第1次注射后,最好到6个月以后再注射1次,以增强免疫力	暂定0.5年
羊链球菌弱毒疫苗	羊链球菌病	用生理盐水稀释,气雾菌苗用蒸馏水稀释,每只羊尾部皮下注射1毫升(含50万活菌),0.5～2周岁羊减半。露天气雾免疫,每只羊按3亿活菌;室内气雾免疫每只羊按3000万活菌计算(每平方米4只羊计1.2亿菌)	1年

（二）免疫接种分类

免疫接种可分为预防性免疫接种、紧急免疫接种和临时免疫接种。

1. 预防性免疫接种

一种预防疾病策略，即通过疫苗接种使机体产生特异性体液免疫或细胞免疫，从而预防特定疾病。可防止传染病的发生和流行。

2. 紧急免疫接种

当发生传染病时，为了迅速控制和扑灭疫病，而对疫区和受威胁区尚未发病的动物进行的应急性免疫接种，叫紧急免疫接种。一般紧急接种以使用免疫血清较为安全有效，产生免疫快，但血清用量大、价格高、免疫期短，在大批羊接种时往往供不应求，不能满足实际需要。多年来的实践证明，发生口蹄疫、猪瘟、鸡新城疫和鸭瘟等一些急性传染病时，用疫（菌）苗进行紧急接种切实可行，并能取得较好的效果。

在疫区应用疫苗作紧急接种时，必须对所有受到传染威胁的羊逐头进行详细观察和检查，仅对正常无病的羊以疫苗进行紧急接种。对病羊及可能已受感染的潜伏期病羊，不能再接种疫苗。由于在外表正常无病的羊中可能混有一部分潜伏期患羊，这一部分患羊在接种疫苗后不能获得保护，反而促使它更快发病，因而在紧急接种后一段时间内，羊群中发病数反而增加，因此要建立预防免疫带，在疫区及周围的受威胁区进行紧急免疫接种，其目的是建立"免疫带"以包围疫区，就地扑灭疫情。免疫带大小视疫区及受威胁区传染病的性质而定。某些流行性强的传染病（如口蹄疫等），其免疫带应在周围5～10千米以上。建立免疫带措施必须与疫区的封锁、隔离、消毒等综合性措施相配合才能取得较好的效果。

3. 临时免疫接种

当引进、外运羊只或对羊阉割时临时，进行免疫接种可避免发生某种传染病。

（三）免疫接种注意事项

免疫接种应根据各种疫苗的免疫特性和本地区发生的疫病情况进行处理，合理安排疫苗的种类、免疫次数和间隔时间，采取正确的免疫程序。

① 接种前应对羊群体况进行检查。凡妊娠后期

的母羊、未断乳的羔羊，以及患病、断尾和阉割时，暂时不予接种疫苗。

② 预防注射前应注意低温保存，避免高温和阳光照射，并注意对疫（菌）苗的包装进行检查，有无裂缝、异物、变质等现象。看其说明书，有效期如已过，或没有瓶签和检验批号等，则不能使用。液体疫苗使用前需充分摇匀。冻干疫苗加入稀释液经充分振摇和全部溶解后方可使用。

③ 注射器、针头、稀释瓶等要事先洗净、消毒，注射部位要用乙醇或碘酊消毒，每注射 1 只羊后，要换 1 个针头和消毒棉球，防止疫病扩散。

④ 注射前 5 日和注射后 7 日内，应停止在饲料中添加抗生素类药品，以免影响免疫效果。但可提高日粮中的蛋白质含量，以便让羊体内迅速产生大量的免疫球蛋白。

⑤ 注射疫（菌）苗时要由助手将羊保定好，动作不能粗暴，以免羊发生急性应激而死。同时，不打飞针和跑针，以保证注射剂量。

⑥ 已启开的活疫（菌）苗应在规定时间 6 小时内用完，对剩余的要经消毒后再废弃，用过的针头，废弃的针管、针头和生物制品的容器都应无害化处理。

⑦ 做好防疫记载。注射后要注意观察羊只有无反应，对个别出现剧烈反应的羊应及时采取措施，查明原因，并详细做好防疫记录。没有注射疫苗的应补注各种疫苗。

⑧ 畜体注射疫苗前后，必须加强饲养管理，提供适宜的饲养环境和适口性好的饲料，减少应激，使其及早产生免疫力，提高抗体水平。

⑨ 使用人畜共患病疫苗及活疫苗时，应严格遵守操作规程，做好消毒以及使用后的清洗工作。如注射后起硬结，要用热毛巾轻敷，每次 30 分钟，边热敷边揉，促进硬结部位血液循环，加速药液的吸收。

⑩ 接种疫苗后应注意观察，对少数有反应的羊只进行对症治疗。

四、药物预防

药物预防指把安全而价廉的药物加入饲料和饮水中进行的群体药物预防。

常用的药物有磺胺类药物、抗生素和硝基呋喃类药物。占饲料或饮水的比例一般是：磺胺类药预防量 0.1%～0.2%，四环素类抗生素预防量 0.01%～0.03%，硝基呋喃类药物预防量 0.01%～0.02%，一般连用5～7日，必要时也可酌情延长。但长期使用化学药物预防，容易产生耐药性菌株，影响药物的防治效果，因此要经常进行药敏试验，选择有高度敏感性的药物用于防治。此外，成年羊口服土霉素等抗生素时，常会引起肠炎等中毒反应，必须注意。

为了预防羊的寄生虫病，应在羊寄生虫病季节到来之前，用驱虫药物给羊群进行预防性驱虫。驱虫时机应根据寄生虫病发季节动态调查确定。羊寄生虫有体内寄生虫和体外寄生虫之分，所以驱虫应选用不同方法。对体内寄生虫的预防性驱虫，可用驱虫药物口服法，将小剂量驱虫药混在少量饲料内让羊食用；对体外寄生虫一般采用药浴法驱虫，在剪毛后10日左右进行，即在药浴池内放入驱杀虫体的药液，让羊群洗浴。预防性驱虫药物有多种，应选用高效、低毒、广谱的药物，对症驱杀羊体内外寄生虫。有效药物治疗：使用驱虫药，如用左旋咪唑、丙硫苯咪唑有效驱除吸虫或绦虫，用吡嗪驱除线虫，用喹酮有效驱除血液原虫，用贝尼尔（血虫净）有效驱除羊体内寄生线虫，对体外寄生虫也有效；驱除羊体外寄生虫选用0.3%过氧乙酸溶液喷洒羊体表效果好。使用方法正确：要求剂量准确，防止羊驱虫药物中毒，发现病羊药物中毒应及时解毒救治。

第二章

羊病诊疗方法

一、羊病诊断的一般方法

诊断羊病主要通过问诊、视诊、触诊、叩诊和嗅诊等手段。发现某症状表现和异常变化，将获得的资料结合临床检查的结果进行综合分析，可对疾病做出初步诊断或为进一步确诊提供依据。

1. 问诊

问诊即向畜主或饲养员询问了解与病羊发病的有关情况，如羊的来源，特别对新购入、引进的羊群来源，当地是否有疫病流行；既往病史，如过去是否患过同样疾病及经过免疫治疗，是否妊娠等情况；平时饲养管理情况，如舍饲、饲草的种类、饲料有无霉变、异常，饮用水的水质等。还要询问了解本次发病的时间、发病头数、发病最初羊只的表现，如采食、反刍、排便、排尿及运动等异常变化。通过问诊获得资料，分析其可靠性。

2. 视诊

视诊俗称望诊，是通过眼睛观察病羊的采食自然姿势、精神状态、运动的姿势、步态、发现病变部位的形状和大小等所呈现的各种异常变化，然后再仔细检查病羊的各个系统，全面认识疾病，做出诊断或为进一步检验提供依据。

早期发现羊病的简易方法一般有观察和检查两种。

（1）健羊与病羊外观辨别法。

① 采食和放牧神态　健康羊争先采食，精神旺盛，一般奔走速度相等，对放牧人员反应敏感；病羊食欲减退，不愿吃草或饲料，或吃得很少，以及异食癖，饮水增多或减少，精神萎靡，放牧时病羊走得很慢，常走在羊群的后边，并经常有停食、呆立、跛行或卧地不起的现象，反应迟钝。

② 体毛情况　健康羊只的皮毛有光泽，白羊的毛色洁白，黑羊的毛色黑亮；病羊皮干毛乱，毛色焦黄，无光泽，质脆，有的皮肤上生有水痘和脓肿。

③ 羊的休息姿态　健康羊只休息时常分散地卧在圈内，卧下时右侧腹部着地，呈斜卧姿，前后肢屈于腹下或者左右伸出，头颈抬起，频频反刍（倒沫），

一旦发现人走近时，立即起身远避；病羊常挤在一起，四肢屈于腹下，头颈向腹部弯曲或以嘴唇着地，不反刍，人走近时也不立即避开，有的病羊休息时发出的呼吸声很似拉风箱的呼呼响声，有的病羊休息时不安神，满圈奔走并在墙壁或木桩上摩擦。

④ 排粪的情况　健康羊的粪球呈椭圆形粒状，成堆或呈链条状排出，粪球表面光滑，较硬，羔羊的正常粪球小而稍长，颜色呈黑褐色；病羊排出少量粪球，发干，粒状，无光泽，排粪呈蹲状姿势，努责费劲，或呈牛粪状、稀粥状或稀水状，粪内有粘连，有的带有白色脓状血丝和寄生虫等，味奇臭，颜色呈黄色、绿色、灰色不等，病羊的后肢及尾巴被稀粪污染。健康羊每天排尿 3～4 次；排尿次数和尿量过多或过少，以及尿液浑浊、尿中带血，排尿疼痛等，都是泌尿系统疾病的表现。

（2）检查辨别法　一般常用检查羊病的方法如下。

① 体温　健康羊的正常体温为 38～40℃，平均为 39.6℃，最高限度为 40.5℃，高于或低于此温度范围都是有病的表现。方法是将畜用肛用温度计，插入羊体肛门内停 2～3 分钟后取出，看其度数。检查

前需将肛用温度计的水银柱甩至 35℃ 以下，然后将温度计上涂些润滑剂再用；温度计用后应用酒精棉球擦拭或置于消毒液内。

② 眼结膜与鼻腔　健康羊的眼结膜为淡红色，一般无鼻液。有鼻液流出常是疾病表现，流行性感冒流出大量鼻液；慢性呼吸道疾病流出少量鼻液。鼻孔周围被鼻涕污染，鼻涕中有时可发现白色的虫体。

③ 口腔　用食指与中指由羊嘴角处塞入口腔内，拉出舌头，口即张开（检查羔羊口腔时，可用拇指与食指同时压挤其两侧口角）。健康羊的口色红润，口内无异味；病羊口色苍白，黄色或呈紫色，口温升高，有的舌面上有一层灰白色或黄色的舌苔，有时从病羔羊的牙根处还可发现红色小水泡，严重的发生烂疮，牙齿脱落，舌面脓肿，口中奇臭等。

④ 黏膜　一般健康羊眼结膜、鼻腔、口腔、阴道和肛门黏膜表面光滑，呈粉红色。如口腔黏膜发红，多为身体发炎，体温升高；黏膜发红并带有红点、血丝为紫色，多为严重中毒或传染病引起；黏膜苍白，多为贫血；黏膜呈黄色，多为黄疸；黏膜呈蓝色，多为心肺疾病。

⑤ 瘤胃　检查瘤胃可用听诊器或用手掌压在左

腹肋窝处触诊。健康羊的瘤胃软而有弹性，并能感到羊瘤胃有一起一伏的蠕动感；病羊的瘤胃蠕动减慢，次数减少或消失。

⑥ 呼吸状态　健康羊每分钟呼吸 12～20 次。呼吸状态包括呼吸次数、呼吸节律和呼吸是否困难等。呼吸次数可在羊安静时观察其胸腹起伏动作，一起一伏为 1 次呼吸；冬季可观察呼出气流，呼出 1 次气流为 1 次呼吸。亦可用听诊器在其气管或肺区听取呼吸音来计数。当羊患呼吸系统疾病、心脏衰弱、贫血、中暑、胃肠臌气、瘤胃积食时，表现呼吸困难，呼吸次数增加；某些羊患中毒性疾病、代谢紊乱和昏迷等，呼吸次数减少。另外还要检查羊的呼吸型、呼吸节律等。

3. 触诊

触诊是指用手抚摸或压触检查部位并稍加压力，或借助器械触压病羊局部病变部位，感知羊体皮热温凉、肿块软硬度、积食、压痛、移动性和脉搏等表现状态，以确定病态的位置、大小和性质。

（1）测检体温　测温先将体温计水银柱调至 35℃以下，然后缓缓插入肛门，经 3～5 分钟后取出。

病羊的体温一般高于正常范围，多见于传染病、呼吸道、消化道及其他器官的炎症等，体温持久降低时预后多不良。

（2）脉搏检查　又称切脉。检查脉搏有助于了解心脏活动与血液循环状态，这对于病症的诊断有实际意义。健羊的脉搏为70～80次/分。检查羊脉搏可用手指触摸羊颌下动脉或在后腿内侧股动脉处检查，大羊可在尾根底下的尾动脉处检查；也可借用听诊器或用手掌触摸心脏位置，根据心跳次数确定脉搏。了解和推测病羊的病情，健康羊的脉搏均匀且感觉明显；病羊脉搏次数增加或者减少，或不均匀，严重者用手触之不易感到脉搏。

（3）皮肤检查　主要检查皮肤的弹性、温度及敏感度。用拇指和食指捏紧皮肤向上轻提，然后突然松开，正常皮肤立即恢复原状，如羊营养不良或患有皮肤病，或皮肤发绀、全身发青，则多为严重呼吸器官疾病、心力衰竭和各种中毒病等。发高热时，皮肤温度会升高。

（4）体表淋巴结检查　主要检查颌下、肩前、膝上和乳房上的淋巴结。当羊患结核病、伪结核病、羊链球菌病以及四肢组织器官发生炎症时，体表淋巴结往往肿大，其形状、硬度、敏感性及活动性均发生变化。如羊患一般的传染病或炎症过程，触摸相应淋巴结有肿大、发热、变硬和疼痛的感觉。羊患结核病时，淋巴结只有肿大、变硬，但无热、无痛。

（5）腹部触诊　腹部触诊是临床上常用的诊断手法。用手触摸羊的左侧肋部，健羊瘤胃软而有弹性；病羊若瘤胃臌胀，用手指叩打肷部呈鼓音；若瘤胃积食，用手按之坚硬；若羊便秘，有时可触摸到肠管内的粪团。

4. 嗅诊

嗅闻病羊的分泌物、排泄物、呼出气体及口腔。患消化不良时，可从病羊呼出的气体中闻到酸臭味；胃肠炎时，可闻到粪便腥臭或恶臭；有机磷中毒时，可从胃内容物和呼出气体中闻到有机磷特有的大蒜味道；羊患口腔炎症时口腔腐臭；羊患大叶性肺炎，出现肺坏疽时，鼻液和呼出的气体带有腐败性恶臭。

5. 听诊

听诊是利用听觉来判断羊体内正常或有病声音。临床上用于心肺及肠胃病的检查。听诊方法有两种：一种是直接听诊，即将一块布铺在被检查的部位，然后把耳朵紧贴其上，直接听羊体内声音；另一种是借助听诊器的头端密贴于患羊体表听诊羊体内声音。检查心脏时主要利用听诊器，在左右侧胸间肘窝后边稍向前的部位听心脏跳动时所发出的心音。健羊的心脏随着心脏收缩和舒张，产生"嘣"（第1心音），低而钝长，为心脏收缩时所产生的声音；"咚"（第2心音），高而锐，与第1心音间隔时间较长。两个心音构成1次心搏动。健羊心音清晰，节律整齐，每分钟跳动70~80次。听诊时要注意两个心音的强度、节律、性质有无异常。如心音忽高忽低，音隔忽长忽短，为疾病的表现。如第1心音强或第1、2心音均增强时，多见于热性病的初期；第1、2心音减弱时，见于心脏机能障碍的后期，或患有渗出性胸膜炎、心包炎、急性热性病、心脏衰竭、心肌炎及贫血等疾病；第2音强盛主要见于肺炎、肺水肿、肺气肿及肾炎等病理过程（详见表2-1）。

表2-1 羊的正常体温、脉搏和反刍次数

类别	体温/℃	脉搏/（次/分）	呼吸/（次/分）	反刍/（次/日）
绵羊	38.3~39.9	70~80	12~24	4~8 （每次40~70分钟）
山羊	38.5~39.7	70~80	10~20	4~8 （每次40~70分钟）
羔羊	40.0~41.0	90~100	25~35	

二、中兽医诊治羊病要领

"辨证施治"也称辨证论治，是中兽医诊治羊病、观察认识疾病和治疗疾病的方法。所谓辨证，就是运用"四诊"（望、闻、问、切）全面了解患羊所出现的症候，通过对症分析，弄清疾病发生原因（外伤、内伤）、部位（表里、脏腑、经络）、性质（寒冷、虚实、阴阳、表里）及其发展趋势，掌握疾病的实质，确定治疗方案。由此可见，辨证就是分析症候，掌握实质；"施治"就是根据对疾病本质的认识，选用适当的方法，进行治疗。辨证施治是相互联系，不可分割的。

1. 四诊

羊体是一个统一的整体，体内有病，定会有相应的症状在体表表现出来。中兽医主要是通过望、闻、问、切以诊察畜病的方式诊断羊病（相当于中医的视诊、嗅诊、问诊、触诊）。

（1）问诊 即向畜主了解羊发病的起因、既往病史，发病时间、症状，发病原因，病前、病后及饮喂情况等，以便对疾病得出初步印象，在"四诊"中占有重要地位。

(2) 望诊　通过肉眼直接观察病羊神态或体表各部病变，以及病羊排泄物的颜色、性质的变化。

① 看神态　病羊往往精神不佳，低头，反应迟钝，皮干毛乱，喜欢孤单地站立或卧在一旁。放牧时病羊走得很慢，停止吃草，喜欢卧在地上。看神态、形体、动态及四肢等的变化，来测知疾病的内部变化。

② 看被毛、皮肤和黏膜　健康羊被毛平整，不易脱落，富有光泽。病羊被毛粗乱蓬松，无光泽，易脱落。一般健康羊的眼结膜、鼻腔、口腔、阴道和肛门等处可视黏膜光滑、呈粉红色。病羊眼睛黏膜苍白为贫血征兆；体温升高黏膜潮红；黏膜紫红色（又称发绀）是血液中严重缺氧的征兆，常见于呼吸困难疾病和中毒性疾病。

③ 采食和反刍　病羊食欲减退，不愿吃草或料，或者吃得很少；反刍变化主要表现为反刍时间过长或过短，次数减少，或完全废绝。

④ 看口色　包括观察唇、排齿和舌色。正常的口舌为淡红色，鲜明而润泽。口舌色淡而白多为寒症或虚寒症；口舌鲜红而润多为内热初起；口舌赤红干

燥多为内热较重，属热症；口舌赤紫则病情严重；口舌发黄多为肝胆湿热。健康羊鼻镜湿润、光滑，常有微细的水珠；若鼻镜干燥、不光滑、无光泽、表面粗糙则是羊患病的征兆。

⑤观舌苔 观察舌苔的颜色、润燥和厚薄，并和舌色的变化结合起来辨识病邪之深浅及五脏之虚实。如果舌苔由白变黄、变灰、变黑，且由薄变厚，由湿变干，这是病转严重的表现，反之病轻。

⑥察二便 即看大小便的变化情况。大便的形状、颜色、气味及羊排粪姿势对诊断肠胃疾病具有重要意义。病羊排出的粪便发干，无光泽，排便很费劲。如消化不良或拉稀时，粪便很稀，有时发黏，带有脓、血、寄生虫等，或像水一样有臭味的粪便黏在屁股或尾巴上。小便清浊、颜色、尿量、气味也有助于辨证。

（3）闻诊 通过听觉和嗅觉了解病情的一种诊断方法，包括听声音（呼吸、心跳、咳嗽、肠音、叫声等）和闻气味（呼吸、口腔、大小便等的气味），借以辨别病症的寒、热、虚、实。

（4）切诊 包括脉诊及触诊。脉诊又称切脉，是用手不同指力按压羊后胯内侧股动脉部位，根据脉象了解和推断疾病的一种诊断方法。脉象的形成与脏腑气血密切相关，羊体的五脏六腑和各器官组织情况都能不同程度地由脉象反映出来，从而综合地判断正气的盛衰，病位深浅，及患羊气血运行和脏腑功能状态。

脉象的体状、相类、主病等内容各有意义。羊正常脉象时脉性平稳，间隔距离相等，有一定的规律和次数。其脉性似连珠过如流水，沥沥相连不断，表现和缓有力，节律均匀，称为平脉。羊患病时，脉象的变化常见的有浮脉、沉脉、迟脉、数脉、虚脉、实脉、易脉等。

疾病反映于脉象的变化，就叫病脉。除了正常生理变化范围以及个体生理特异之外的脉象均属病脉。

脉象重点是通过位、数、形、势四个方面来体察。"位"指脉位，如浮沉脉；"数"是脉的次数，如迟数脉；"形"指脉形，如大小脉；"势"是脉的气势（力量的强弱），如虚实脉。有些脉象又是从几个方面相结合的，如洪、细脉则是形态和气势的不同。

脉象分类非常复杂，中医认为脉象有 28 种之多，而且很少有一种脉象，通常为几种脉象共存。各种脉象简介如下。

① 浮脉。

脉象：轻取即得，重按稍减而不空。

主病：表证。

说明：浮脉主表，反映病邪在经络肌表。

邪袭肌表，卫阳抵抗外邪，脉气鼓动于外，脉应指而浮。久病体虚、脉浮大无力者不作外感论治。

② 沉脉。

脉象：重按始得，轻取不应。

主病：里证。

说明：邪郁于里，气血内困，则脉沉有力；正虚体弱，脉气无力，则脉沉无力。所以脉沉有力主里实，脉沉无力主里虚。

③ 迟脉。

脉象：一息不足四至。

主病：寒证。

说明：寒凝气滞，阳失控运，故脉迟。迟而有力为冷积实证，迟而无力多为虚寒。邪热结聚，阻滞血脉运行，也见迟脉，迟而有力按之必实，又不可作寒证解。运动员和体力劳动者也可脉迟而有力，但不可误作病脉。

④ 数脉。

脉象：一息脉来五至以上。

主病：热证。

说明：邪热亢盛，气血运行加速，脉数而有力。阳虚内热，脉数而无力，阳虚外浮脉数大无力按之空，三者应仔细鉴别。

⑤ 洪脉（附大脉）。

脉象：洪脉极大，来盛去衰，状若波涛汹涌。

主病：气分热盛。

说明：内热充斥，气盛血涌，脉见洪象。久病气虚、虚劳、失血、久泄等证见洪脉者，多用邪盛正定之危候。

大脉，脉体阔大，但无汹涌之势。主邪盛病进，又主虚。脉大有力为邪盛，脉大无力为正虚。

⑥ 微脉。

脉象：极细极软，若有若无，按之欲绝。

主病：阳衰少气，诸虚。

说明：阳宏少气，无力鼓动故脉微。轻取之似无是阳气衰；重按之似无是阳气竭。久病脉微是正气将绝；新病脉微是阳气暴脱。

⑦ 细脉（小脉）。

脉象：脉细如线，应指明显。

主病：诸劳虚损，或见湿病。

说明：气不足则无力鼓动血之运行，营血虚则不能充盈脉道，所以气血两虚，诸虚劳损均可见细小而软弱无力之脉。湿邪阻滞，也见细脉。而湿热病中见细数脉，多为热邪深入营血或邪陷心包。

⑧ 散脉。

脉象：至数不齐，散而无根。

主病：元气离散。

说明：正气耗散，脏腑之气将绝，举之浮散而不聚，稍用力则无，漫无根蒂，故有"散似扬花无定踪"之说。

⑨ 虚脉。

脉象：三部举之无力，按之空虚。

主病：虚证。

说明：气不足以运其血，故脉来无力。血不足以充其脉，则按之空虚。

⑩ 实脉。

脉象：三部举按均有力。

主病：实证。

说明：邪气亢盛，正气不虚，邪正相搏，脉道坚满，故应指有力。

⑪ 滑脉。

脉象：往来流利，应指圆滑。

主病：痰饮、食滞、实热。

说明：有形实邪，壅盛于内，气实血涌，故脉来滑象，如盘走珠。平常脉滑而冲和，是营卫种实之象，为平脉。

⑫ 涩脉。

脉象：往来艰涩，如轻刀刮竹。

主病：伤精、血少，气滞血瘀，夹痰、夹食。

说明：精亏血少，经脉失常，血行不畅。故脉气往来艰涩不畅，故脉涩而无力。气滞血瘀或夹痰夹食，气机不畅，血行受阻、脉涩而有力。

⑬ 长脉。

脉象：首尾端长，超过本位。

主病：肝阳有余，阳盛内热等有余之证。

说明：肝阳有余，阳盛内热，脉象长而弦硬，长而有兼脉，多是病脉。脉虽长但不失和缓，是中气充足，是健康的平脉。

⑭ 短脉。

脉象：首尾俱短，不能满部。

主病：有力为气郁，无力为气损。

说明：气郁血瘀或痰浊食积，阻碍脉道，脉气不伸则短而有力；气损不足无力运血，故脉短而无力。

⑮ 弦脉。

脉象：端直而长，如按琴弦。

主病：诸痛、肝胆病，痰饮，疟疾等。

说明：邪气滞肝，疏泄失常，气机不利，诸痛，痰饮，气机亦不畅，脉气紧张而现弦脉。

⑯ 芤脉。

脉象：浮大中空，如按葱管。

主病：失血、伤阴。

说明：失血伤阴，营血不足，阳无所附，散于外而见散脉，脉浮大无力，按之中空，即上下两旁皆见脉形，而中间独空。

⑰ 紧脉。

脉象：脉来绷急，状如牵绳转索。

主病：寒、痛、宿食。

说明：邪气（寒、宿食等）与正气相搏，脉道紧张而拘急，故见紧脉。寒邪在表，脉浮紧；寒邪在里，脉沉紧。

⑱ 缓脉。

脉象：一息四至，来去怠缓。

主病：湿病，脾胃虚弱。

说明：气机为湿所困，或脾胃虚弱，气血不足以充盈鼓动，故脉见怠慢。病中脉转和缓是正气恢复之征；若脉来从容不迫，均匀和缓又属平脉。

⑲ 革脉。

脉象：浮而搏指，中空外坚，如按鼓皮。

主病：亡血、失精、半产、漏下。

说明：革脉的外强中空，如绷急之鼓皮。正气不固，精血不藏，气无所恋，浮越于外，故失精亡血多见革脉。

⑳ 牢脉。

脉象：沉取实大弦长。

主病：阳寒内盛，疝气症瘕。

说明：病气牢固，证属阴寒内积，阳气沉潜。脉唯沉取始得，实大弦长，坚牢不移。牢脉见于失血、阴虚等证，便属危重征象。

㉑ 弱脉。

脉象：极软而沉细。

主病：气血不足。

说明：气血不足，气虚则脉无力，血虚则脉不充，故脉沉取形细而无力。久病正虚脉弱为顺，新病邪实，反见弱脉为逆。

㉒ 濡脉。

脉象：浮而细软。

主病：诸虚，又主湿。

说明：精血虚而不荣于脉，湿气阻压脉道所以脉位浅表，形细软而无力，轻取可触知，重取反不明显。

㉓ 伏脉。

脉象：重取推筋着骨始得，甚则伏而不见。

主病：邪闭、厥证，痛极。

说明：邪气内伏，脉气不得宣通，故脉位比沉脉更深，着于筋骨始得。

㉔ 动脉。

脉象：脉形如豆，厥厥动摇，滑数有力。

主病：痛、惊。

说明：痛则阴阳不和，气为血阻；惊则气乱脉行不安。阴阳相搏，升降失和，气血冲动，脉形随气血冲动如豆，滑数有力出现动脉。

㉕ 促脉。

脉象：脉来数而一止，止无定数。

主病：阳盛实热，气血痰饮宿食停滞，亦主

肿痛。

说明：阳盛实热，阴不和阳，故脉促。凡气血、痰食、肿痛等实热证，脉促而有力。若虚脱见促脉则促而细小无力。

㉖ 结脉。

脉象：脉来缓而时一止，止无定数。

主病：阴盛气结，寒痰血瘀，症瘕积聚。

说明：阴盛而阳不和，故脉来缓慢而时有一止。寒痰瘀血，气郁不疏，脉气阻滞，均可见结脉。

㉗ 代脉。

脉象：脉来一止，止有定数，良久方来。

主病：脏气衰微，风证痛证，七情惊恐，跌打损伤。

说明：脏气衰微，气血亏损，元气不足，脉气不能衔接而止有定数。其他因病而致脉气不能衔接亦可见歇止。体质异常，如妇女妊娠也可见到代脉，不可概作病脉。

㉘ 疾脉。

脉象：脉来急疾，一息七八至。

主病：阳极阴竭，元气将脱。

说明：真阴竭于下，孤阳亢于上，气短已极之虚象。伤寒、湿病在热极时往往出现疾脉。疾而按之益坚是阳亢无制,真阴重危之候;若疾而虚弱无力是元气将脱之征。劳瘵病重危之时亦可见疾脉。

2. 中兽医的辨证方法

中兽医的辨证方法有各自的特点和侧重,八纲辨证是中兽医学辨证的基本方法。它把错综复杂的疾病症候通过四诊所得到的材料分析归纳在一起,识别"八症"。"八症"是指表、里、寒、热、虚、实、正、邪 8 种类型,并以阴阳两大纲贯穿起来。

(1)表里 是指病变的部位和深浅,如由于风寒、风热或燥湿暑等侵袭引起表证症状。未入里的都叫"表症",脏腑病都叫"里症"。由表入里,由里出表转化是有条件的。

(2)寒热产生的证候 如羊体受外感、风寒、水湿、内伤、湿滞的一种表现是寒证。如因热邪作用或机体所产生的证候都是热证。寒证和热证在一定条件下是可以相互转化的。

(3)虚实 虚实是指羊体强弱和正气与邪气的盛衰。虚是指羊体营养不良而生理机能衰弱的现象,实是指羊体内邪气盛,新病多实,久病多虚;膘壮多实，瘦弱多虚。

三、病料采集、保存与送检

当羊群发生疫病时，为了对疾病进行确诊，应及时采集病料，送有关兽医检验部门检验。病料的采取、保存和运送检验是否正确，对疾病诊断至关重要。

（一）病料的采取

确定病料采取对象的原则是选择发病后未经治疗、自然死亡、症状和病变典型的病例，采集病变明显的新鲜病料并防止污染。病料分为固体材料和液体材料，按其用于检测方法的不同分为病原学材料、血清学材料和病理学材料。固体材料一般指脏器、皮肤、毛发、骨骼等，液体材料一般为血液、血清、渗出液、胃溶液等。固体材料一般采集 64 平方厘米大小的组织块，液体材料一般采集 10～20 毫升。

（二）病料的保存

作病理学检验用的病料应立即放入 10％甲醛溶液或 95％酒精中固定，固定液的用量为标本体积的5～6 倍，若用 10％甲醛溶液固定，24 小时后更换新鲜溶液 1 次。作细菌学检验的病料应放入高压蒸汽灭菌过的 30％甘油生理盐水中，作病毒学检验的病料应放入高压蒸汽灭菌过的 50％甘油生理盐水中。液体材料应于每毫升病料中加入 1～2 滴 5％苯酚溶液，如果要做病原分离培养的则不用加入。盛放病料的容器须加塞封固。

（三）病料的送检

在盛放病料的容器上编号，并详细记录，附上送检单。对危险材料以及怕热、怕冻材料要采取相应措施，微生物学检验的病料都怕受热，病理学检验的病料都怕受冻，在送检时应注意防热和保湿。

四、羊体寄生虫检查法

羊体寄生虫病种类很多，但只有少数重症病羊临床症状表现比较明显。羊体的寄生虫病生前诊断往往需实验室检验。粪便检查是患羊寄生虫病诊断的一个重要手段。寄生虫病检查一般采取刚刚排出的粪便在实验室进行镜检。常用的检验方法有以下几种。

1. 虫卵检查法

（1）直接涂片法　在洁净无油污的载玻片上滴

1～2滴无菌清水，用小木棒蘸取少量被检羊的粪便放在玻片上与水混合，涂匀后将粗渣推到一端，涂片厚薄要适当，盖上盖玻片，置于低倍显微镜下观察虫卵。用此法检查虫卵操作简便省时，所需设备简单。缺点是检出率低，需要几个标本。

（2）饱和食盐水漂浮法　取被检羊粪10克，加少量饱和食盐溶液，用小木棒将粪球充分捣碎，再加10倍量的饱和食盐溶液搅匀，以孔径0.25毫米的铜筛过滤，静置30分钟，用直径5～10毫米的铁丝圈与液面平行接触，蘸取表面含有虫卵的液膜，抖落于载玻片上并覆盖玻片，置于显微镜下检查。用此法简单，可检查出多种线虫卵和一些涤虫卵，效果良好。但对比重大的虫卵效果不好。

（3）水洗沉淀法　取被检羊粪5～10克，放在200毫升容量的烧杯内，加入10倍清水，用小木棒将粪球充分捣碎，再加5倍量的清水调成糊状，用孔径0.25毫米的铜筛过滤或用2层纱布过滤，去掉粪渣。然后向滤液容器中加满清水，静置15分钟，弃去上层液，再加清水，保留沉淀物，如此反复3～4次，直至上层清澈为止，弃去上清液后用吸管吸取少量沉淀物涂于载玻片上，置于低倍显微镜下观察。此法适用于检查虫卵比重大的羊吸虫病。

2. 虫体检查法

（1）蠕虫成体检查法　取被检羊粪数克盛于盆内，加入大约 10 倍生理盐水搅拌均匀，静置沉淀 20 分钟弃去上清液，再于沉淀物中重新加入生理盐水，如此反复 2～3 次，最后取少量沉渣置于黑色背景上，用放大镜寻找虫体。如粪中混有绦虫节片，可直接用肉眼观察新排出的粪便，可见似米粒样的白色孕卵节片。

（2）蠕虫幼虫检查法　取被检羊新鲜粪球 3～10 粒，放入平皿内加入适量 40℃ 温水，10～15 分钟后取出粪球；将留下的液体放在低倍显微镜下检查有无幼虫。

（3）螨检查法　先剪毛，去掉羊体患部的干硬痂皮，然后用锐利刀片在患部和健部交界处刮取一些皮屑，其深度以局部微微出血为度，把采取的病料放入烧杯内，加入适量 10％ 的氢氧化钾溶液，置于酒精灯上微微加温，20 分钟后置于室温下过夜，待皮屑溶解后取沉渣涂片镜检。也可取少量病料直接放于载玻片上，然后滴加 50％ 甘油生理盐水 2～3 滴，盖上盖玻片镜检。用此法进行虫体检查操作简便，但检虫率低，需要多取几次样品检查。

五、羊病常用针刺疗法

羊病针刺疗法是应用各种不同的针具刺入羊体某些特定部位（称作穴位），或用火针酒精棉点燃后热灼羊体特定的穴位，给以适当的刺激，借以疏通经络，宣导气血，扶正祛邪，以达到治病的目的。在中兽医临床应用上有许多独特之处，具有止痛和免疫、调整血液成分和组织器官机能的作用。针刺疗法有治病范围广、疗效迅速、节约药品、操作施术安全等优点。针刺施术前要在羊体表准确地找出穴位，取穴及针刺应用正确与否会直接影响疗效。

（一）中兽医针刺穴位认定法

针刺施术前要先在病羊体表准确地认穴及取穴，要确定穴位的正确位置，掌握认定穴位的方法。

（1）自然标志法　以羊体表各种外貌标志和解剖特点作为定穴的依据，如在口角后上方处取开关穴；在鼻镜背侧正中点，有毛与无毛交界正中穴，为山穴；在腰荐十字部凹陷的正中处取百会穴等；在羊背中线上的胸椎棘突间的凹陷中取丹田穴等，在尾背侧尾椎棘突间取尾根、尾间等穴。

（2）指量取穴法 以人手指的第一指第二关节的宽度作为取穴的尺度，如食指、中指相并宽度为3厘米（2横指）；食指、中指、无名指和小指相并为6厘米（4横指）。

（3）体躯比例取穴法 在解剖标志基础上采用连线和延线的交叉点来定穴，例如在羊的两根后缘与背中相交处取天门穴；腰椎骨与荐椎骨十字部中点处取百会穴等。

（二）选取穴位方法

针灸刺血治疗羊疾病的效果与选取穴位的正确与否有直接关系，不同的穴位有不同的主治范围，如颈脉穴（大脉穴）退热，关元俞穴助消化，交巢穴止泻，肺俞穴治咳喘，百会穴治风湿病。选取针灸穴位治羊病时，可取一穴治数病，也有一病取数穴。

（1）局部取穴 凡病症出现在某个部位，即可取邻近穴位针刺治疗，内眦痒痛、翳肉攀睛等取睛明穴、睛俞穴和太阳穴；肺热取肺俞穴等。

（2）远隔取穴 疾病属于某内脏神经，取穴针治可根据循经取穴的经络，选与疾病有关的经脉远端的俞穴。如肠胃炎、消化不良等病取关元俞、交巢（后海）、脾俞等穴。

（3）对症取穴 可按羊的一些全身性疾病出现的症状对症选取穴位治疗。如发热时取鼻俞、尾尖等穴。

以上3种选取穴位的原则是以中兽医经络学说为依据，既可以单独应用，也可以配合应用施治。近年来，随着针灸疗法的发展，运用电针疗法和针刺麻醉及其他疗法配合使用，结合神经节段分布和神经干走向来选配穴位。

（三）中兽医针刺穴位疗法的补法和泻法

针刺补与泻是中兽医根据《灵枢·经脉》中"盛则泻之、虚则补之"的治疗原则而确定的两种针刺穴位的方法，即针对虚实不同病症而施以相应的治疗方法。虚证采用补法，实证采用泻法。中兽医补泻针刺穴位常用以下几种方法。

（1）疾徐补泻 进针慢退针快，少捻转为补；反之，进针快退针慢，多捻转为泻。

（2）呼气补泻 呼气时进针，吸气时退针为补；

反之，吸气时进针，呼气时退针为泻。

（3）开合补泻　出针后迅速按压针孔为补；反之，出针时摇大针孔为泻。

（4）提插补泻　先浅后深，重插轻提，提插幅度小，频率慢为补；反之，先深后浅，轻插重提，提插幅度大，频率快为泻。

（5）迎随补泻　针尖随着经脉循行的方向，顺经倾斜刺为补；反之，针尖逆经倾斜为泻。

（6）捻转补泻　左转时角度小，用力轻为补；反之，右转时角度大，用力重为泻。

此外，中兽医临床上还有很多复杂的复式手法针治寒证，可使患羊局部或全身出现热感，针治热证则用透天凉，透天凉因可以使病畜在局部或全身出现寒凉感而得名，适用于热证。

（四）单独针刺或针药交替使用

对全身性疾病可先针末梢穴位，次针躯干穴位；局部性疾病，先从边缘穴位针刺或者远隔部位上扎针。辨证施针原则是：阳证表证、热证宜浅针，不留针，多针少灸；而阴证里证、寒证宜深针，起针缓些，宜多灸少针；虚证宜多灸少针，应用补法；实证宜多针少灸,应用泻法。施针病羊胸、腹、背部等穴位,应控制一定的进针深度,防止刺伤大血管和内脏。

(五) 对高热、剧痛等证候

对高热、剧痛等证候切不可轻易针灸,经针治无效时,应另选其他疗法;对体质虚弱、孕畜、大泻、失血或严重危急症的病羊不宜血针,以免引起不良后果。

(六) 消毒与护理

施针后针孔常用碘酊或酒精严格消毒,并对病羊加强护理,病羊针刺后不得立即下水、淋雨受风寒或饮冷水。

(七) 针刺时异常情况的处理

(1) 弯针　针刺病羊骚动或肌肉强烈收缩引起弯针,此时不宜用力拔针,待施针的病羊安定后再轻轻捻动针体,然后顺针弯方向慢慢拔出弯针。

(2) 滞针　针刺入肌肉后不能捻转、提插,多因局部肌肉紧张或针体被肌肉纤维所缠绕。此时应停针片刻，揉按局部，消除紧张或轻轻向相反方向捻转针，即可退出滞针。

（3）折针 进针应留适当长度的针体在羊体外，当出现折针时可迅速取出；若全部针体折于病羊体肌内无法折断，需用手术取出在羊体肌内的针体。

（八）羊常用的针灸穴位的位置、针灸法及主治病症

1. 羊头部穴位

山根：鼻镜正中有毛与无毛交界处，1穴。主治感冒，中暑，腹痛。

外唇阴：山根穴下，鼻唇沟正中，1穴。主治口炎，慢草。

唇内：上唇内面，唇系带两侧的血管上，左右侧各1穴。主治慢草，腹痛。

顺气：口内硬腭前端，切齿乳头两侧的鼻腭管开口处，左右侧各1穴。主治肚胀，感冒，睛生翳膜。

玉堂：口内上腭第三棱上，正中线旁开1厘米处，左右侧各1穴。主治胃热，慢草，上腭肿胀。

通关：舌体腹侧面，舌系带两旁的血管上，左右侧各1穴。主治慢草，舌疮，心肺积热。

鼻俞：鼻孔稍上方凹陷处，左右侧各 1 穴。主治感冒，肺热。

开关：口角后上方 6 厘米处，左右侧各 1 穴。主治破伤风，歪嘴风，颊部肿胀。

三江：内眼角下方约 1.5 厘米处的血管分叉处，左右侧各 1 穴。主治腹痛。

睛明：下眼眶上缘皮肤褶正中处，左右眼各 1 穴。主治肝经风热，睛生翳膜。

睛俞：上眼眶下缘正中的凹陷中，左右眼各 1 穴。主治肝经风热，睛生翳膜。

太阳：外眼角后方约 1.5 厘米处的凹陷中，左右侧各 1 穴。主治暴发火眼，肝经风热，睛生翳膜。

龙会：两眶上突前缘连线中点处，1 穴。主治感冒，癫痫。

耳尖：耳背侧距尖端 1.5 厘米的血管上，左右耳各 3 穴。主治中暑，感冒，腹痛。

天门：两角根连线正中后方，即枕寰关节背侧的凹陷中，1 穴。主治感冒，癫痫。

风门：耳后 1.5 厘米、寰椎翼前缘的凹陷处，左右侧各 1 穴。主治感冒，偏头风，癫痫。

2. 羊躯干部穴位

颈脉：颈静脉沟上 1/3 分点处的血管上，左右侧各 1 穴。主治脑黄，咳嗽，发热，中暑。

鬐甲：第 3、4 胸椎棘突间的凹陷中，1 穴。主治肚胀，脑黄，咳嗽，感冒。

苏气：第 8、9 胸椎棘突之间的凹陷中，1 穴。主治肺热，咳嗽，气喘。

关元俞：最后肋骨后缘，距背中线 6 厘米的凹陷中，左右侧各 1 穴。主治肚胀，泄泻，少食。

六脉：倒数第 1、2、3 肋间，距背中线 6 厘米的凹陷中，左右侧各 3 穴。主治便秘，肚胀，积食，泄泻，慢草。

脾俞：倒数第 3 肋间，距背中线 6 厘米的凹陷中，左右侧各 1 穴。主治便秘，肚胀，积食，泄泻，慢草。

肺俞：倒数第 6 肋间，距背中线 6 厘米的凹陷中，左右侧各 1 穴。主治感冒，肺火，咳嗽。

腰中：第 4、5 腰椎棘突间旁开 3 厘米的凹陷中，1 穴。主治腰风湿，肚痛。

肷俞：左侧肷窝中部，即肋骨后、腰椎下与髂骨翼前形成的三角区内，1 穴。主治急性瘤胃膨气。

百会：腰荐十字部，即最后腰椎与第 1 荐椎棘突间的凹陷中，1 穴。主治后躯风湿、泄泻，尿闭。

肾俞：百会穴旁开 3 厘米处，左右侧各 1 穴。主治腰风湿，腰痿，肾经痛。

肾棚：肾俞穴前 3 厘米处，左右侧各 1 穴。主治腰风湿，腰痿，肾经痛。

肾角：肾俞穴后 3 厘米处，左右侧各 1 穴。主治腰风湿，腰痿，肾经痛。

胸堂：胸骨两旁，胸外侧沟下部的血管上，左右侧各 1 穴。主治中暑，热性病，前肢闪伤。

脐前：肚脐前 3 厘米，正中 1 穴。主治羔羊寒泻，胃寒慢草。

脐中：肚脐正中，1 穴。主治羔羊寒泻，肚痛，胃寒慢草。

脐旁：肚脐旁开 3 厘米，左右侧各 1 穴。主治羔羊泄泻，肚胀。

脐后：肚脐后 3 厘米，正中 1 穴。主治羔羊泄泻，肚胀。

后海：肛门上、尾根下的凹陷中，1 穴。主治便秘，泄泻，肚胀。

尾根：荐椎与尾椎棘突间的凹陷中，1 穴。主治便秘，泄泻，肚胀，肚痛。

尾本：尾腹面正中，距尾基部 3 厘米处的血管上，1 穴。主治肚痛，中暑，便秘。

尾尖：尾末端，1 穴。主治肚痛，膅气，中暑，感冒。

3. 羊前肢部穴位

膊尖：肩胛骨前角与肩胛软骨结合处的凹陷中，左右侧各 1 穴。主治闪伤，脱膊，前肢风湿。

膊栏：肩胛骨后角与肩胛软骨结合处的凹陷中，左右侧各 1 穴。主治闪伤，脱膊，前肢风湿。

肩井：肩关节前上缘，臂骨大结节上缘的凹陷中，左右肢各 1 穴。主治闪伤，前肢风湿，肩膊麻木。

抢风：肩关节后下方约 9 厘米的凹陷中，左右肢各 1 穴。主治闪伤，前肢风湿，外夹气。

肘俞：臂骨外上髁与肘突之间的凹陷中，左右肢各 1 穴。主治肘部肿胀，肘关节扭伤。

前三里：前臂外侧，桡骨上、中 1/3 交界处的肌沟中，左右肢各 1 穴。主治脾胃虚弱，前肢风湿。

膝眼：腕关节背外侧下缘的陷沟中，左右肢各 1

穴。主治腕部肿胀。

前缠腕：前肢球节上方两侧，掌内、外侧沟末端内的血管上，每肢内外侧各 1 穴。主治风湿，球节扭伤。

涌泉：前蹄叉背侧正中稍上方的凹陷中，每肢各 1 穴。主治热性病，少食，蹄叶炎，感冒。

前灯盏：前肢两悬蹄之间正中稍下方的凹陷处，左右肢各 1 穴。主治蹄黄，扭伤。

前蹄头：第 3、4 指的蹄冠缘背侧正中，有毛与无毛交界处稍上方，每蹄内外侧各 1 穴。主治慢草，腹痛，臌气，蹄黄。

4. 羊后肢部穴位

大胯：股骨大转子前下方的凹陷中，左右侧各 1 穴。主治后肢风湿，腰胯闪伤。

小胯：髋关节下缘，股骨大转子正下方约 3 厘米处的凹陷中，左右侧各 1 穴。主治后肢风湿，腰胯闪伤。

邪气：尾根旁开 3 厘米的凹陷中，左右侧各 1 穴。主治后肢风湿，腰胯风湿。

汗沟：邪气穴下 4.5 厘米处的同一肌沟中，左右侧各 1 穴。主治后肢风湿，腰胯风湿。

仰瓦：汗沟穴下 4.5 厘米处的同一肌沟中，左右侧各 1 穴。主治后肢风湿，腰胯风湿。

肾堂：股内侧，大腿褶下 6 厘米处的血管上，左右肢各 1 穴。主治腰胯闪伤，肾经积热。

掠草：膝关节背外侧的凹陷中，左右肢各 1 穴。主治膝盖肿痛，后肢风湿。

后三里：小腿外侧上部，腓骨小头下方的肌沟中，左右肢各 1 穴。主治脾胃虚弱，后肢风湿。

曲池：跗关节背侧稍偏内，趾长伸肌外缘的血管上，左右肢各 1 穴。主治跗关节肿痛，后肢风湿。

后缠腕：后肢球节上方两侧，跖内、外侧沟末端内的血管上，每肢内外侧各 1 穴。主治风湿，球节扭伤。

滴水：后蹄叉背侧正中稍上方的凹陷中，每肢各 1 穴。主治热性病，少食，蹄叶炎，感冒。

后灯盏：后肢两悬蹄之间正中稍下方的凹陷处，左右肢各 1 穴。主治蹄黄、扭伤。

后蹄头：第三、四趾的蹄冠缘背侧正中，有毛与无毛交界处稍上方，每蹄内外侧各 1 穴。主治慢草，腹痛，臌气，蹄黄。

（九）羊病针灸治疗

下面以羊的常见病为例介绍羊病针灸治疗方法。

1. 中暑

中暑是由于天气炎热、烈日暴晒或车船运输、羊舍拥挤、缺乏饮水，以身热颤抖、弓背夹尾、呼吸急促、厌食停食为主要症状的羊病，羊中暑可采用白针疗法、电针疗法、梅花针疗法进行治疗。

（1）穴位选用　治疗中暑所涉及的穴位及穴位所在位置介绍如下：百会穴位于腰荐十字部，也就是最后腰椎与第一荐椎棘突间的凹陷中；苏气穴位于第8、9胸椎棘突之间的凹陷中；风门穴位于耳后1.5厘米、寰椎翼前缘的凹陷处，左右侧各1穴；耳尖穴位于耳背侧距尖端1.5厘米的血管上，左右耳各3穴；太阳穴位于外眼角后方约1.5厘米处的凹陷中，左右侧各1穴。

（2）白针疗法　百会穴是白针治疗中暑的主穴，治疗时，将毫针刺入穴位1.5厘米；苏气穴是白针治疗中暑的辅穴，它可治疗因中暑引起的气急气喘，施术时，将毫针刺入穴位3厘米；风门穴可治疗因中暑引起的头疼、行走不利，施术时将毫针刺入穴位 1 厘米。

上述穴位针刺后，留针 15 分钟，在留针过程中每 5 分钟用捻转手法行针 1 次，留针时间到达即可起针。羊中暑的白针治疗可每日 1 次，连做 2~3 次。

（3）电针疗法　羊中暑还可使用电针疗法治疗。治疗时先将毫针刺入羊的百会穴，刺入深度为 2 厘米；在两侧风门穴也刺入毫针，刺入深度为 1.5 厘米；最后，在羊的苏气穴刺入毫针，刺入深度为 2 厘米。

针刺完成后，将电针治疗仪的第一对电极正负极分别夹放于苏气穴、百会穴上的毫针针柄上，然后将电针治疗仪的第二对电极正负极分别夹放于两侧风门穴上的毫针针柄上。

电极夹放好后，将电针治疗仪调整为断续波形，以 50 赫兹频率、75 毫安电流，对羊进行电针治疗 5 分钟，治疗时间到达后即可拆去电极，拔除毫针，完成电针治疗。羊中暑的电针治疗可隔日 1 次，连做 2 次。

（4）梅花针疗法　由于梅花针疗法刺激较重，对重度中暑的羊治疗非常有效，梅花针治疗时以耳尖穴为主穴，治疗时，用梅花针锤头以中等力度击打耳尖穴皮肤 1 分钟，待耳尖穴皮肤渗血后即可。

羊中暑头疼严重，视物不清时，需对太阳穴进行梅花针治疗。治疗时，用梅花针锤头以中等力度击打羊太阳穴 2 分钟，以太阳穴处渗血为度。

羊中暑的梅花针治疗只做 1 次即可。

2. 肚胀

肚胀是因羊过食发酵饲料或腐败饲料所引起的以腹部膨大、腹痛不安、厌食拒食为主要症状的疾病。羊肚胀可采用电针疗法和血针疗法进行治疗。

（1）穴位选用　治疗肚胀所涉及的穴位及穴位所在位置介绍如下：关元俞穴位于最后肋骨后缘，距背中线 6 厘米的凹陷中，左右侧各 1 穴；涌泉穴位于前蹄叉背侧正中稍上方的凹陷中，每肢各 1 穴；滴水穴位于后蹄叉背侧正中稍上方的凹陷中，每肢各 1 穴；顺气穴位于口内硬腭前端，切齿乳头两侧的鼻腭管开口处，左右侧各 1 穴。

（2）电针疗法　治疗羊肚胀，电针疗法效果较好，在治疗肚胀的电针疗法中，选双侧关元俞穴，治疗时将毫针刺入羊两侧的关元俞穴，把电针治疗仪的正负电极分别夹放于针柄上，调整电针治疗仪为断续波形、75 赫兹频率、100 毫安电流进行电针治疗 10 分钟，治疗时间达到后即可拆去电极，拔除毫针。

电针治疗可每日 1 次，连做 2～3 次。

（3）血针疗法 血针疗法又称刺血疗法，多用于羊热性病、肿痛性病症、中毒性病症。针刺羊前蹄头穴主治羊慢草、膨气、腹痛，施术时用小宽针迅速刺入穴位 0.5 厘米，使穴位处出血即可。

滴水穴可治疗羊因肚胀而引起的拒食厌食，治疗时用小宽针刺入穴位 0.5 厘米出血即可。

血针治疗只做 1 次即可。

3. 宿草不转

宿草不转是因羊过食草料引起的以厌食停食、不断嗳气、粪干难下、腹痛不安、腹部膨大为症状的疾病。治疗宿草不转可使用白针疗法、艾灸疗法进行治疗。

（1）穴位选用 治疗宿草不转所涉及的穴位及穴位所在位置介绍如下：脾俞穴位于倒数第 3 肋间，距背中线 6 厘米的凹陷中，左右侧各 1 穴；后三里穴位于小腿外侧上部，腓骨小头下方的肌沟中，左右肢各

1穴；六脉穴位于倒数第1、2、3肋间，距背中线6厘米的凹陷中，左右侧各3穴；百会穴位于腰荐十字部，即最后腰椎与第1荐椎棘突间的凹陷中。

（2）白针疗法　在白针疗法中以脾俞穴为主穴，该穴可治疗因积食而引起的宿草不转，施术时将毫针刺入穴位3厘米。

后三里穴可治疗因脾胃虚弱引起的宿草不转，施术时将毫针刺入穴位2厘米。

上述穴位针刺后，需留针20分钟，在留针过程中每隔5分钟用捻转手法行针1次。

用白针法治疗本病可每日1次，连做3次。

（3）艾灸疗法　宿草不转用艾灸疗法治疗较好，艾灸疗法首选百会穴，灸疗百会穴可以促进肠蠕动，促进排气排便。治疗时，使艾条点燃端距穴位3厘米，进行回旋灸疗5分钟。

六脉穴主治肚胀和便秘。灸疗时，使艾条点燃端距穴位2～3厘米，进行回旋灸疗。六脉穴所有穴位各灸疗2分钟。

艾灸治疗可每日1次，连做2～3次。

4. 冷肠泄泻

冷肠泄泻是因羊饮冷水过多、进食霜冻饲料或久卧湿地而引起的以泄泻厌食为主要症状的疾病。本病治疗可采用艾灸疗法、水针疗法和火针疗法。

（1）**穴位选用** 治疗冷肠泄泻所涉及的穴位及穴位所在位置介绍如下：后海穴位于肛门上、尾根下的凹陷中；脾俞穴位于倒数第 3 肋间，距背中线 6 厘米的凹陷中，左右侧各 1 穴；百会穴位于腰荐十字部，即最后腰椎与第 1 荐椎棘突间的凹陷中；后三里穴位于小腿外侧上部，腓骨小头下方的肌沟中，左右肢各 1 穴。

（2）**艾灸疗法** 灸疗脾俞穴可有较好的消胀止泻作用，灸疗时，将艾条的点燃端在距穴位 3 厘米处实施回旋灸，灸疗时间为 5 分钟。

百会穴也是治疗冷肠泄泻的主要穴位，将艾条点燃端在距穴位皮肤 2.5 厘米处实施回旋灸，灸疗时间为 10 分钟。

后海穴止泻作用较好，灸疗时使艾条点燃端在距穴位皮肤表面 2 厘米处实施回旋灸，由于灸疗此穴时艾条点燃端距皮肤较近，因此灸疗时间不可过长，一般以 2 分钟左右为宜。

后三里穴对冷肠泄泻引发的肠胃虚弱有较好治疗效果，灸疗时使艾条点燃端距穴位皮肤处 2.5 厘米实施回旋灸，灸疗时间为 5 分钟。冷肠泄泻的艾灸治疗可每日 1 次，连做 2~3 次。

（3）水针疗法　当患羊冷肠泄泻严重时，需实施水针治疗，水针治疗以后三里穴为主穴。治疗时，将注射器针头刺入穴位 2 厘米，注入 10％安钠咖注射液 5 毫升。

水针治疗还需选择后海穴为辅穴，将注射器针头刺入穴位 2 厘米，把 30％安乃近注射液 20 毫升注入穴位内。

脾俞穴也是治疗冷肠泄泻的辅穴，治疗时将注射器针头刺入穴位 2 厘米，注入 10％葡萄糖注射液 5 毫升。

冷肠泄泻的水针治疗一般只做 1 次即可。

（4）火针疗法　对冷肠泄泻不止的患羊可采用火针疗法。首先选取脾俞穴作为治疗穴位，治疗时用火焰将针体烧热，趁热将毫针刺入脾俞穴 2 厘米，捻转行针 1 分钟后，随即起针。

另外，还要对百会穴实施火针治疗，治疗时，用火焰将针体烧热后迅速刺入百会穴 1.5 厘米，捻转行针 1.5 分钟后即可起针。

在对后海穴实施火针治疗时，因此处皮肤较嫩，用火焰将针体烧至温热即可刺入穴位，针刺深度为2厘米，经捻转行针2分钟后即可起针。

火针治疗一般只做1次。

经上述治疗，羊的冷肠泄泻即可治愈。

5. 羊角风

羊角风是羊因风热之邪内侵肝经引起的以两目瞪直、口吐白沫、牙关紧闭、角弓反张为症状的阵发性疾病，治疗本病需采用白针疗法和血针疗法进行治疗。

（1）穴位选用 治疗羊角风所涉及的穴位及穴位所在位置介绍如下：天门穴位于两角根连线正中后方，即枕寰关节背侧的凹陷中；龙会穴位于两眶上突前缘连线中点处；山根穴位于鼻镜正中有毛与无毛交界处；百会穴位于腰荐十字部，即最后腰椎与第1荐椎棘突间的凹陷中。

（2）白针疗法 在白针疗法治疗中，天门穴为主穴，龙会穴、百会穴为辅穴。

施术时，将毫针刺入天门穴1厘米，将毫针刺入龙会穴0.5厘米。对百会穴的白针治疗可采用温针灸，治疗时将毫针刺入百会穴1.5厘米，在针柄处放置酒精棉球，用火焰将酒精棉球点燃，使热量沿针体传入穴位深处，以增强治疗效果。上述穴位针刺后留针 15 分钟，每 5 分钟用捻转手法对天门穴、龙会穴行针 1 次，时间到后即可起针。

羊角风的白针治疗每日 1 次，可连做 2～3 次。

（3）血针疗法　使用血针疗法对羊的特定穴位进行放血治疗，对因风热内侵肝经引起的羊角风疗效较好。血针疗法的主穴首选山根穴，治疗时用三棱针迅速刺破山根穴处的上唇静脉丛，使山根穴处有适量血流出即可。

羊角风的血针治疗 1 次即可，不需重复。羊体常用针灸穴位见图 2-1、图 2-2。

六、针刺疗法异常情况处理

针刺疗法异常情况及处理如下。

1. 晕针

指羊在针刺过程中所发生的一种晕厥现象。

处理：立即出针，使患羊平卧，头稍低，给饮热茶，闭目休息，即可恢复。重症者用指掐或针刺入其中、足三里穴、内关穴，灸百会穴、气海穴，也可以

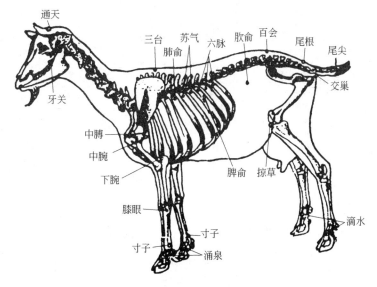

图 2-1 山羊的骨骼与穴位

向鼻内吹少许通关散，必要时配合其他急救措施。

2. 弯针

指针身在患羊体内发生弯曲。

处理：轻度弯针可按一般起针法将针拔出，若弯曲的角度较大，可轻轻地摇动针体，顺着弯曲的方向慢慢退出，若弯曲是由患羊的体位异动所致，则要先矫正体位，再行起针。

3. 滞针

指针体在羊体内一时性地捻转不动，而且有进退

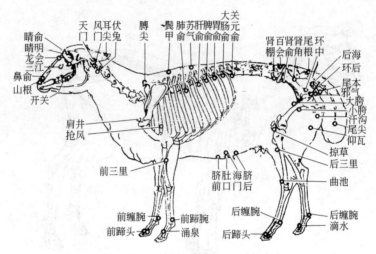

图 2-2　绵羊的骨骼与穴位

不得的现象。

　　处理：按抚患羊放松肌肉并稍留片刻，轻弹针柄或按摩穴位四周，或在滞针附近针刺1～2针，以解除肌肉痉挛，然后起针，若滞针是由于同一方向捻转过度所致，则应向相反方向捻转，再进行起针。

4. 折针

　　指针在羊体内发生折断的现象。

　　处理：保持镇静，使患羊保持原有体位，如折断处尚有部分在皮肤外，可用止血钳取出；若微露出皮肤表面，可用手按压四周皮肤，使残端露出皮肤外，再用止血钳取出；若用上述方法取针无效，应采用外科手术取出。

5. 血肿

多因刺伤血管所致。

处理：轻者用无菌棉签按压针孔即可，重者应立即按压并冷敷加压止血，必要时注射止血药。

6. 气胸

针刺胸背部穴位过深，刺伤肺脏，空气进入胸腔，引起外伤性气胸。

处理：可让患羊取半卧位休息，仔细观察病情变化，立即报告医生并速做抽气等处理，必要时给以抗感染治疗。

七、针具及其使用方法

中兽医针刺穴位治畜病针具是用金属或不锈钢制成。由于畜种及畜体大小不同，针刺穴位的针具大小和种类也各有不同。中兽医临床常用的针具种类分为毫针、圆利针、宽针、三棱针、火针等（图2-3）。各种针具及使用方法因畜病不同，分别介绍如下。

1. 毫针

毫针以不锈钢为制针材料者最常用。毫针的结构

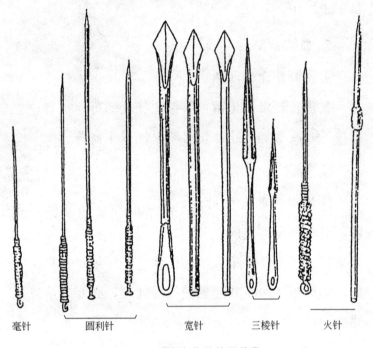

| 毫针 | 圆利针 | 宽针 | 三棱针 | 火针 |

图 2-3　针刺穴位的针具种类

可分为 5 个部分，即针尖、针身、针根、针柄、针尾。毫针的规格主要以针身的直径和长度区分。一般临床以粗细 0.32～0.38 毫米、长短 25～50 毫米者最为常用。短针多用于耳针及浅刺之用，长针多用于肌肉丰厚部穴位的深刺和某些穴位作横向透刺之用。

2. 圆利针

圆利针又称白针，针身较毫针粗而长，直径一般为 2 毫米，针长 4～6 厘米。这种针具有进针快，适宜于急刺、速进速退、适于留针等特点，适用于深针病羊臀部及肩部穴位。

3. 宽针

宽针又称血针。长度一般为 5～9 厘米。针尖呈矛尖状，针刃锋利，针尖宽 4～8 毫米，直径 2～3 毫米。大宽针多用于放患畜体内体表的静脉血；小宽针用于针刺畜体肌肉肥厚的白针穴位（非血管处）。

4. 三棱针

三棱针前半部针身呈三棱形，后半部针身呈杆状，与宽针相似，分为大、小两种。中兽医临床主要用于针刺血针穴位或广肿散刺，大针用于针刺畜体肌肉肥厚处穴位。小针刺羊通关穴、玉堂穴，也可用于放尾尖血等。

5. 火针

火针，古称燔针、焠针，是金属粗针。直径约 1.5～2 毫米，针身长度分为 2 厘米、3 厘米、5 厘米、10 厘米 4 种。针尖圆利，针柄用金属丝缠绕，以便醒针（转动针体）。中兽医临床施针前，将火针擦拭干净，用棉花缠裹针身，呈棉桃形，内松外紧，厚薄均匀，然后浸入植物油，浸透后取出点燃，等棉花收缩变黑、火苗开始变弱时，针即烧好。去除烧黑的棉花和棉灰，左手按穴，右手持针，视羊体大小，天门穴进针时向下后方刺入1.5～2厘米；百会穴直刺入2.5～3厘米。一般第1次留针3～5分钟，留针期间，可将针身捻转1～2次，使火针处组织发生较深的火伤灶，产生较长时间的热力，冲动刺激反应（血管与关节部位不可施火针），起针后针孔用碘酊充分消毒，及时披上麻袋，以防感冒；7日后如法施针1次，但不留针。火针每次可选3～5个穴位，在这个过程中不要重复施针。针灸以晴天进行为好。夏季要少用或不用火针疗法。对辨为寒湿痹证可试用火针和艾灸治疗。

八、中草药配伍禁忌及兽药使用时应注意的问题

（一）中草药配伍禁忌

采用中草药治疗疾病具有治疗范围广、疗效可靠、药费少且无不良反应等特点，临床上除少数中草药单独应用外，多数中草药是可根据病情和药物性配合使用的。由于药与药之间存在相互作用关系，所以有些药物因协同作用而疗效增进，但是有些药物配伍

不当，因拮抗作用而削弱原有的功效，达不到治病的目的；有些药物相互配用减轻或消除了毒性或不良反应，有的药物配合使用却能产生毒性或不良反应。因而不注意药物配伍关系，就不能更好地发挥药效和确保用药安全。药物配伍禁忌有两种：一种是一般服药禁忌，如《元亨疗马集》中所叙"十八反"和"十九畏"；另一种是在临床应用中草药时，为了防止妊娠母羊因用药物而造成流产、早产，应注意的妊娠期服药禁忌。尤其是妊娠母羊严禁服用药性猛烈、毒性较强的药物，例如中草药斑蝥、水蛭、虻虫、水银、巴豆、荆三棱、麝香、大戟、芫花、牙硝、芒硝、牵牛等都应该禁用。凡能行血去瘀、行气、破滞以及辛热、滑利的中草药，例如附子、肉桂、半夏、瞿麦、干姜、桃仁等都应该慎用。此外，还有益母草、莪术、枳实、大黄、冬葵子、川芎、商陆等也是孕畜所禁用的中草药，也应该注意慎用，以防发生事故。

　　"十八反"歌诀、"十九畏"歌诀、妊娠禁忌歌诀如下。

1. "十八反"歌诀

本草明言十八反，半蒌贝蔹芨攻乌。

藻戟遂芫俱战草，诸参辛芍叛藜芦。

2. "十九畏"歌诀

硫黄原是火中精，朴硝一见便相争。

水银莫与砒霜见，狼毒最怕密陀僧。

巴豆性烈最为上，偏与牵牛不顺情。

丁香莫与郁金见，牙硝难合荆三棱。

川乌草乌不顺犀，人参最怕五灵脂。

官桂善能调冷气，若逢石脂便相欺。

大凡修合看顺逆，炮爁炙煿要精微。

3. 妊娠禁忌歌诀

元斑水蛭及虻虫，乌头附子及天雄。

野葛水银并巴豆，牛膝薏苡与蜈蚣。

三棱芫花代赭鹿，大戟蝉蜕黄雌雄。

牙硝芒硝牡丹桂，槐花牵牛皂角同。

半夏南星与通草，瞿麦干姜桃仁通。

硇砂干漆蟹爪甲，地胆茅根与庶虫。

(二) 中西药同时应用注意事项

有些中药、西药在临床上会同时应用。中药与西药之间的相互作用关系，因协同作用而增强药物的疗效，一般情况下不发生不良反应。有些中药和西药相互配合同服，可以减轻、消除毒性和不良反应，但也有些中药和西药同时服用，不但不能增强疗效和减轻、消除毒性和不良反应，反而它们相互作用削弱了原有的功效，并产生不利于动物体的毒害作用，例如中药保和丸与西药碳酸氢钠、氢氧化铝、氨茶碱等合用，会影响酸碱平衡而失去作用；香连丸与阿托品、654-2 与咖啡因合用，会增加生物碱的毒性，引起中毒；参苓白术丸与痢特灵合用可引起呕吐、血压升高等；银杏与阿司匹林合用可导致眼前房自动出血，因为银杏内酯是 PAF 的强抑制剂；银杏与扑热息痛、麦角胺合用可导致双侧硬膜血肿；槟榔与精神安定类药物（如氟哌噻吨、氟奋乃静）合用可导致锥体束外症状的加剧；尖叶番泻叶与药鼠李等含蒽类物质的草药及卵叶车前草等含可溶性维生素的草药，可减少某些合成药（如二甲双呱、格列本尿和苯氧乙青霉素）的吸收。还有一些草药与某些西药同时服用可能会出现降低药效的情况，如含大量鞣质的地榆、虎杖、荆芥、狗脊等，若与含硫酸亚铁、维生素 B、胃蛋白酶、胰酶等的药物同时服用会降低药效。

（三）我国禁止用于食用动物的兽药

为了保护人体健康，防止过度用药，在畜牧业生产中，我国规定禁止用于所有食用动物的西兽药有以下 11 类：

（1）兴奋剂类：克仑特罗、沙丁胺醇、西马特罗及其盐、酯和制剂；

（2）性激素类：乙烯雌酚及其盐、酯与制剂；

（3）具有雌激素作用的物质：如玉米赤霉醇、去甲雄三烯醇酮、醋酸甲孕酮及其制剂；

（4）氯霉素及其盐、酯（包括琥珀氯霉素及其制剂）和制剂；

（5）氨苯砜及其制剂；呋喃西林和呋喃妥因；

（6）硝基呋喃类及其盐、酯及制剂；呋喃唑酮、呋喃它酮、呋喃苯烯酸钠及其制剂；

（7）硝基化合物：硝基酚钠、硝呋烯腙及其制剂；

（8）催眠、镇静类：安眠酮及其制剂；

（9）硝基咪唑类：替硝唑及其盐、酯和制剂；

（10）喹噁啉类：卡巴氧及其盐、酯和制剂；

（11）抗生素类：万古霉素及其盐、酯和制剂。

（四）严禁使用伪劣、变质失效药品

伪劣药品或药品储藏方法不当，或存放时间过长而变质失效，不但起不到应有的治疗疾病的作用，甚至产生有毒物质，致使患病动物的病情加重或死亡。因此，应购买国家药监局规定、规范的药品，使用时必须检验是否是伪劣药品或变质失效药品。伪劣、变质失效药品严禁使用，其简易辨别可借助于对药品的外观有无变化进行仔细观察。

1. 看药品说明书

合格药品说明书上应标明药品的生产厂家、生产企业名称、药品有效成分及含量，药品性状、作用、类别、功能、主治、适应证限定，用法、用量、毒副反应、禁忌、使用注意事项，储藏条件等。此外，合格药品的说明书纸张质量好、印刷排版均匀、内容准确齐全。而伪劣药品说明书随意扩大疗效和适用范围，或没有、或缺少上述部分，内容不全，纸张质量差，字迹模糊。

2. 看产品批号、生产和有效日期

合格药品的包装上用激光打印有"产品批号"、"生产日期"和"有效期"，伪劣药品在标注中常缺1~2项，而且说明书印制粗劣，字迹多为油印。还有一些药品在外观上没有明显的变化，但内部已经变质了。因此，凡是过了"有效期"的药品不能再延长使用期。

3. 看药品外观

伪劣、变质药品往往存在以下问题：注射液出现变色、浑浊、沉淀或结晶析出絮状物、发霉等现象；胶囊剂有软化、破裂或表面发生粘连现象；丸剂有变形、变色、发霉或臭味；药片颜色不均匀，变色，出现有花斑、发黄、发霉、粘连、潮解或出现结晶；药粉吸潮、发酵、变臭等。内服药水尤其是糖浆剂，不论颜色深浅，都要求清澈，如果出现絮状物、沉淀物，甚至发霉变化，或产生气体，则表明已经变质失效，应禁止使用。

九、给药方法

羊的给药方法有多种，应根据病情、药物的性质、羊的大小和头数，选择适当的给药方法。

（一）群体给药法

为了预防或治疗羊的传染病和寄生虫病以及促进羊的发育、生长等，常常对羊群体施用药物，如抗菌药（四环素类抗生素、磺胺类药等）、驱虫药（如硫苯咪唑等）、饲料添加剂、微生物制剂（如促菌生、调痢生等）等。大群用药前，最好先做小批的药物毒性及药效试验。常用给药方法有以下两种。

1. 混饲给药

将药物均匀混入饲料中，使羊吃饲料时能同时吃进药物。此法简便易行，适用于长期投药。不溶于水的药物用此法更为恰当。应用此法时要注意药物与饲料的混合必须均匀，并应准确掌握饲料中药物所占的比例；有些药适口性差，混饲给药时要少添多喂。

2. 混水给药

将药物溶解于水中，使羊自由饮用。有些疫苗也可用此法投服。对因病不能采食但还能饮水的羊，此法尤其适用。采用此法需注意根据可能饮水的量来计算药量与药液浓度。在给药前，一般应停止饮水半天，以保证每只羊都能饮到一定量的水。所用药物应易溶于水。有些药物在水中时间长了易被破坏变质，此时应立即限时饮用药液，以防止药物失效。

（二）口服法

1. 长颈瓶给药法

当给羊灌服流态药物时，可将药物倒入细口长颈的玻璃瓶、塑料瓶或一般的酒瓶中，抬高羊的嘴巴，给药者右手拿药瓶，左手用食指、中指自羊右口角伸入口内，轻轻压迫舌头，羊口即张开，然后左手将药瓶口从左口角伸入羊口中，并将左手抽出，待瓶口伸到舌头中段，即抬高瓶底，将药物灌入。

2. 药板投药法

专用于给羊服用舔剂。舔剂不流动，在口腔中不会向咽部滑动，因而不致发生误吞。给药时，用竹制或木制的药板。药板长约 10 厘米、宽约 3 厘米、厚约 3 毫米，表面须光滑没有棱角。给药者站在羊的右侧，左手将开口器放入羊口中，右手持药板，用药板前部刮取药物，从右口角伸入口内到达舌根部，将药板翻转，轻轻按压，并向后抽出，把药抹在舌根部，待羊下咽后，再抹第 2 次，如此反复进行，直到把药给完。

（三）灌肠法

灌肠法是将药物配成液体，直接灌入直肠内。羊可用小橡皮管灌肠。先将直肠内的粪便清除，然后在橡皮管前端涂上凡士林，插入直肠内，把连接橡皮管的盛药容器提高到羊的背部以上。灌肠完毕后，拔出橡皮管，用手压住羊的肛门或拍打尾根部，以防药液排出。灌肠药液的温度应与体温一致。

（四）胃管法

羊插入胃管的方法有两种：一是经鼻腔插入，二是经口腔插入。

1. 经鼻腔插入

先将胃管插入鼻孔内，沿下鼻道慢慢送入，到达咽部时，有阻挡感觉，待羊进行吞咽动作时乘机送入食管；如不吞咽，可轻轻来回抽动胃管，诱发吞咽。胃管通过咽部后，如进入食管，继续深送会感到稍有阻力，这时要向胃管内用力吹气，或用橡皮球打气，如见左侧颈沟有起伏，表示胃管已进入食管。如胃管误入气管，多数羊会表现不安、咳嗽，继续深送，感觉毫无阻力，向胃管内吹气，左侧颈沟看不见波动，用手在左侧颈沟胸腔入口处摸不到胃管，同时，胃管末端有与呼吸一致的气流出现。如胃管已进入食管，继续深送可到达胃内。此时从胃管内排出酸臭气体，将胃管放低时则流出胃内容物。

2. 经口腔插入

先装好木质开口器，用绳固定在羊头部，将胃管通过木质开口器的中间孔，沿上腭直插入咽部，借吞咽动作胃管可顺利进入食管，继续深送，胃管即可到达胃内。

胃管插入正确后，即可接上漏斗灌药。药液灌完后，再灌少量清水，然后取掉漏斗，用嘴对胃管吹气，或用橡皮球打气，使胃管内残留的液体完全入胃，用拇指堵住胃管管口，或折叠胃管，慢慢抽出。该法适用于灌服大量水剂及有刺激性的药液。患咽炎、咽喉炎和咳嗽严重的病羊，不可用胃管灌药。

（五）注射法

注射法是将已灭菌的液体药物，用注射器注入羊的体内。注射前，要将注射器和针头用清水洗净，煮沸30分钟。注射器吸入药液后要直立推进注射器活塞，排除管内气泡，再用酒精棉花包住针头，准备注射。

1. 皮下注射

皮下注射是把药液注射到羊的皮肤和肌肉之间。羊的注射部位是在颈部或股内侧皮肤松软处。注射时，先把注射部位的毛剪净，涂上碘酊，用左手捏起注射部位的皮肤，右手持注射器，将针头斜向刺入皮肤，如针头能左右自由活动，即可注入药液；注毕拔出针头，在注射点上涂擦碘酊。凡易于溶解又无刺激性的药物及疫苗等，均可进行皮下注射。

2. 肌内注射

肌内注射是将灭菌的药液注入肌肉比较多的部位。羊的注射部位是在颈部。注射方法基本上与皮下注射相同，不同之处是，注射时以左手拇指、食指成"八"字形压住所要注射部位的肌肉，右手持注射器将针头向肌肉组织内垂直刺入，即可注药。一般刺激性小、吸收缓慢的药液，如青霉素等，均可采用肌内注射。

3. 静脉注射

静脉注射是将灭菌的药液直接注射到静脉内，使药液随血流很快分布到全身，迅速发生药效。羊的注射部位是颈静脉。注射方法是将注射部位的毛剪净，涂上碘酊，先用左手按压静脉靠近心脏的一端，使其怒张，右手持注射器，将针头刺入静脉内，如有血液回流，则表示已插入静脉内，然后用手推动活塞，将药液注入；药液注射完毕后，左手按住刺入孔，右手拔针，在注射处涂擦碘酊即可。如药液量大，也可使用静脉输入器，其注射分两步进行：先将针头刺入静脉，再接上静脉输入器。凡注射液（如生理盐水、葡萄糖溶液等），以及药物刺激性大，不宜皮下或肌内注射的药物（如九一四、氯化钙等），多采用静脉注射。

4. 气管注射

气管注射是将药液直接注入气管内。注射时，多取侧卧保定，且头高臀低；将针头穿过气管软骨环之间，垂直刺入，摇动针头，若感觉针头确已进入气管，接上注射器，抽动活塞，见有气泡，即可将药液缓缓注入。如欲使药液流入两侧肺中，则应注射 2 次，第 2 次注射时，需将羊翻转，卧于另一侧。本法适用于治疗气管、支气管和肺部疾病，也常用于肺部驱虫（如治疗羊肺线虫病）。

5. 羊瘤胃穿刺注药法

羊发生瘤胃臌胀时，可采用此法。穿刺部位是在左肷窝中央臌胀最高的部位。其方法是局部剪毛，用碘酊涂擦消毒，将皮肤稍向上移，然后将套管针或粗针头垂直左肷部进行瘤胃穿刺，即在左侧腰旁窝中央刺入皮肤及瘤胃壁，放出气体后，可从套管针孔注入止酵防腐药。拔出套管针后，穿刺孔用碘酊涂擦消毒。

第三章

羊常见传染病防治

一、巴氏杆菌病（出血性败血症）

巴氏杆菌病又名出血性败血症，是由多杀性巴氏杆菌引起的各种家畜、家禽及野生动物的一种急性、热性败血性传染病。急性病例以败血症和肺炎为主要特征。绵羊，尤以幼龄绵羊和哺乳羔羊易发生此病，而山羊不易感染。病羊为主要传染源，病原随患病动物的分泌物和排泄物排出体外，经呼吸道、消化道及损伤的皮肤黏膜伤口而感染。一般认为，病菌存在于健康羊的上呼吸道、下消化道和病羊血液、内脏器官、淋巴结及病变局部组织内，所以通常羊在发病前已经带菌。当羊的生活环境改变或经长途运输、受寒、潮湿等情况下，羊体抵抗力降低，很容易发生自体内源性传染，呈散发性或地方性流行。本病的发生一般无明显季节性，但以冷热交替、气候多变、阴湿寒冷，尤其多雨季节发生较多，冬、春季发病最多。

1. 症状

按病程可分为最急性型、急性型和慢性型 3 种。

（1）最急性型　羊羔突然发病，呈稽留高热，全身震颤，倒地抽搐、虚弱、呼吸困难，甚至不见任何症状，数分钟至数小时内死亡。多见于哺乳羔羊，也偶见于成年羊。

（2）急性型　病羊表现精神沉郁，不食，体温升高至 41～42℃，呼吸急促，咳嗽，鼻孔有时出血，或混杂于黏性分泌物，眼结膜充血或发绀，有黏性分泌物，舌头发黑无光泽。病初便秘，病后期腹泻，有时排出血水稀粪，严重者后期体温下降到38℃以下，消瘦、虚脱而死，病程 2～5 日。

（3）慢性型　病程稍长，一般可达 3 周左右。病羊食欲不振，鼻孔流黏脓性鼻液，咳嗽，呼吸困难，有的颈部和胸下部发生水肿，有角膜炎，腹泻，粪便恶臭。此型主要见于成年羊，病后体温下降，临死前病羊极度消瘦，衰竭而死。

2. 剖检

常见皮下有液体浸润和黑色小点（俗称"黑腰子"），以及心包炎状出血；胸腔内有黄色渗出物；肺瘀血；间有小点状出血。病程稍长的可见皮下胶样浸润，纤维素性胸膜肺炎；肝有坏死灶；肾水肿，或有瘀血。

3. 诊断

根据流行特点和临床特征及剖检病变可做初步诊断。确诊败血症病例可采取病死羊的心、肝、脾和体腔液体，其他病例主要从病变部分渗出物、脓汁等取材制成涂片，用碱性美蓝染液瑞特氏染色后，镜检可见菌体两端浓染，呈两极着色的卵圆形杆菌，接种培养基分离到该菌可确诊。临床诊断应与炭疽链球菌病和巴贝斯焦虫病相区别。

4. 防治方法

（1）预防　加强饲养管理，寒潮时注意保暖，避免羊体受寒，羊舍用5％漂白粉和10％石灰乳彻底消毒，不突然改换饲料、羊舍运动场，饲具用5％漂白粉和10％石灰乳消毒。在常发病地区定期注射出血性败血病菌苗，做免疫接种，发现病羊应及时隔离治疗，并做好消毒工作。

（2）治疗

①青霉素按每千克体重2万～4万国际单位，链霉素每千克体重10毫克，每8小时肌内注射1次；

庆大霉素每千克体重 1000 到 1500 国际单位和四环素每千克体重 5～10 毫克，肌内注射，每日 2 次，连注3～4 日；

② 20％磺胺嘧啶钠 5～10 毫升，肌内注射，每日 2 次，连用 3～5 日，直到体温下降，食欲恢复为止；

③ 体温升高至 40℃ 以上者，除用抗菌药物外，还应肌内注射安乃近 1～3 克，1 日 2 次；

④ 复方新诺明片，每千克体重 10 毫克内服，每日 2 次，直至体温下降，食欲恢复为止；

⑤ 有条件的可用抗出血败血症多价血清治疗，每只羊 20～40 毫升行皮下或静脉注射，注射 1～2次；心脏衰弱和严重水肿时用 10％安钠咖 4 毫升，静脉注射。

二、沙门菌病（副伤寒）

羊的沙门菌病是由鼠伤寒沙门菌、羊流产沙门菌和都柏林沙门菌引起的，临床上是以血性下痢和妊娠母羊流产为特征的一种羊的急性传染病。

1. 症状

（1）最急性症状　体温升高到 40～41.5℃，脉搏增加达 90～100 次/分钟，呼吸加快，黏膜呈黄色，尿呈红色，有下痢。经 12～14 小时死亡。

（2）急性症状　体温高达 40.5～41℃，由于胃肠道弛缓而发生便秘，尿呈暗红色，眼发生结膜炎，流泪，鼻腔流出黏液脓性或脓性分泌物，鼻孔周围的皮肤破裂。病期持续 5～10 日，死亡率达 50％～70％。

（3）亚急性症状　症状与急性症状大体相同，惟发展比较缓慢。体温升高后，可迅速降到常温，也可能下降后又重复升高。黄疸及血色素尿很显著，耳部、躯干及乳头部的皮肤发生坏死，胃肠道显著弛缓，因而发生严重的便秘，虽然可能痊愈，但极为缓慢。死亡率为 24％～25％。

（4）慢性症状　临床症状不显著，只是呈现发热及血尿。病羊食欲减退，精神委顿，由于胃肠道动作弛缓而发生便秘。时间较长，表现十分消瘦。某些病羊可能获得痊愈，病期长达 3～5 个月。

（5）非典型性症状　非典型性症状所特有的症状不明显，甚至缺乏，疫群内有些羊往往仅表现短暂的体温升高。

2. 剖检

羔羊副伤寒尸体真胃与小肠黏膜充血，肠道有稀薄液状内容物，肠系膜淋巴结水肿充血，脾脏充血，肾脏皮质部与心外膜有出血点，流产、死产胎儿或生后1周内死亡的羔羊呈败血症病变，流产和死产者子宫肿胀，组织坏死，肝、脾肿胀，有灰色病灶。

3. 诊断

本病根据流行病学、临床病症和剖检病变，可做出初步诊断。本病仅凭症状和病变不易确诊，需要进行细菌分离鉴定，从下痢羔羊的肠系膜淋巴结、脾、心血管和粪便或母羊的粪便、阴道分泌物、血液及胎儿组织中分离培养沙门菌。检查沙门菌，用荧光显微镜检查，能快速得出初步结果。临床上需与李斯特菌病、羔羊大肠杆菌病、链球菌病、布氏菌病及衣原体病相区别。

4. 防治方法

（1）预防　平时要加强对妊娠母羊的饲养管理，保持饲料和饮水清洁卫生。做好夏秋抓膘和冬春保膘工作，保证所产羔羊健壮，母羊乳汁充足，增强羔羊的抵抗力。产羔和接产时应做好消毒和防护工作，并注重保暖，保证羔羊吃足初乳。每年秋季就预防接种，可给母羊注射单一或羊厌氧菌五联苗，产前2～

3周再接种1次，也可接种羔羊痢疾灭活菌苗。羊群中发现病羊应及时隔离治疗。被污染的圈栏与用具要彻底消毒，对疫区羊群中未发病的羊需要用药物及早预防。

（2）治疗

① 中草药疗法　病初用新鲜马齿苋适量，切碎，让病羊自食。中药方用增减乌梅散：乌梅（去核）、炒黄连、黄芩、炙甘草、郁金、猪苓各6克，诃子肉、焦山楂各9克，神曲12克，泽泻75克捣碎，加水400毫升，煎汤150毫升，红糖500克为引，1次灌服30毫升，1日1剂，连服2次。疫毒痢宜用加减白头翁汤：白头翁10克、黄连5克、黄柏3克、秦皮3克、金银花3克、连翘3克，共研末，或加水煎服。里急后重者加木香、枳壳、槟榔；便血严重者加丹皮、郁金。

② 西药疗法　发病较慢、排稀粪的羔羊可灌服6%硫酸镁溶液（内含0.5%福尔马林液）30～60毫升，6～8小时后再灌服1次1%高锰酸钾溶液10～20毫升。用磺胺脒0.5克、鞣酸蛋白0.2克、次硝酸铋0.2克、碳酸氢钠0.2克，水调，1次灌服，每日2次。病后初期较大剂量青霉素加链霉素各20万国际

单位肌内注射。后期用土霉素按羔羊每千克体重 0.15 毫克，成年羊每千克体重 15～20 毫克，肌内注射或静脉注射，每日 1～2 次，连用 3 日有一定疗效。严重脱水羔羊，静脉注射 5％葡萄糖生理盐水 20～30 毫升，心脏衰弱的可皮下注射 25％安钠咖 0.5～1 毫升。

③ 针刺穴位　带脉穴、后三里穴、交巢穴。

三、链球菌病（嗓喉病）

羊链球菌病俗称"嗓喉病"，是由一种溶血性链球菌兽疫亚种引起的一种急性、热性传染病。其主要特征是全身性出血性败血症，颌下淋巴结和喉咙肿胀及浆血性肺炎与纤维素性胸膜肺炎，呼吸困难，胆囊肿大。本菌存在于病羊各个组织器官及分泌物和排泄物中，病羊和带菌羊为传染源，以呼吸道为主要传染途径，也可经皮肤创伤及黏膜感染或通过羊虱、蚊蝇、吸血昆虫叮咬等途径传染。绵羊易感染性高，山羊次之。另外气候干燥，饲料质量差，棚舍羊群拥挤及体内外寄生虫等均可使机体抵抗力减弱，从而促进本病的发生。

1. 症状

本病潜伏期自然感染 3～7 日，少数 10 日。

① 最急性型　病程较短，病初症状不明显，一般在 24 小时内死亡。

② 急性型　本病病初患羊精神委顿，垂头，弓背，呆立，不愿行走，体温升高至 41℃，眼结膜充血，流泪或有黏性口流涎，并混有泡沫，鼻孔流浆性、脓性分泌物。食欲减退或废食，停止反刍，粪便松软，有时带有黏液或血液。咽喉部及颌下淋巴结肿大，有时可见眼睑、嘴唇、面颊肿胀，呼吸困难。患羊临死前常有磨牙、呻吟，且有抽搐，最后衰竭倒地窒息而死亡。孕羊阴门红肿，乳房部位肿胀，发生流产。

③ 亚急性型　病羊体温升高，食欲减退。流黏性透明鼻液，咳嗽，呼吸困难。粪便松软带有黏液和血液。嗜卧，不愿走动，走路步态不稳，病程 1～2 周。

④ 慢性型　一般轻度发热，食欲不振，腹围减小、消瘦，有的病羊咳嗽，有的出现关节炎，步态僵硬。病程 30 日左右，最后衰竭倒地，多数窒息死亡。

2. 剖检

主要以败血性变化为主。尸僵不明显，各脏器广泛出血，以膜性组织（大网膜，肠系膜等）尤为明显。淋巴结肿大、出血，咽喉气管黏膜出血，肺脏水肿、气肿，肺实质出血，呈大叶性肺炎，有时肺脏尖叶有坏死灶。肺脏常与胸壁粘连；肝（实）变大，表面少量出血，胆囊肿大，肾质地变脆软，肿胀梗死，各脏器浆膜面常覆有黏稠、丝状纤维素样物质。

3. 诊断

根据流行病学和临床症状，尤以咽喉部及下颌淋巴结肿胀，呼吸困难和剖检病变等可做初步诊断。本病与巴氏杆菌病症状相似，确诊需采集心血液、脓汁、胸水、腹水、淋巴结及肝、脾、脏器组织等病料做病原学检查。也可将肝、脾脏及淋巴结等病料组织制成悬液注射到家兔腹腔中，则家兔 1 日内迅速死亡，取出染色镜检，可发现病原典型特征，并进行病原分离鉴定。诊断本病应与炭疽、巴氏杆菌病及羊快疫类似疾病相区别。

4. 防治方法

（1）预防　改善饲养管理，保持圈舍清洁、干燥、通风，定时更换褥草，搞好防寒保温工作，避免拥挤；加强检疫工作，不从疫区引进种羊及制品，引进种羊需经检疫和隔离观察，确认无病后方可混群饲养；疫区每年发病季节到来之前，用羊链球菌氢氧化铝甲醛菌苗进行预防接种，2～3周后再接种1次，免疫期半年以上；发现病羊应立即封锁隔离治疗，并进行消毒工作。

（2）治疗　病早期用青霉素，每只每次用80万～160万国际单位，每日肌内注射2次，连用2～3日。10％磺胺嘧啶钠按每次10毫升肌内注射，每日2～3次，连用3日。口服复方新诺明片，按每千克体重25～30毫克，每日2次，连用3日。

四、羊快疫

羊快疫是由腐败梭菌引起的主要发生于绵羊的一种急性传染病。其主要特征是突然发病，病程短促，多呈急性死亡，真胃发生出血性炎症。菌体常以芽孢形式分布于低洼草地、熟耕地及沼泽地，羊食了被感染的饲料与饮水后，芽孢进入消化道而使羊感染。当存在不良外界诱因，如气候骤变、阴湿风寒或采食冰冻草料等，导致机体受到刺激而抵抗力降低时，腐败梭菌大量繁殖。绵羊易感，以6～18月龄、营养膘度中等以上绵羊发病较多。山羊很少发病。一般多在初春、秋冬时期发生。

1. 症状

（1）最急性型　突然发病的羊有时没有任何症状即突然死亡。

（2）急性型　病初患羊精神沉郁、离群，不愿走动或运动失调；突然停止采食和反刍，磨牙、抽搐、腹痛，粪团变大，色黑而软，杂有黏液或血丝，腹泻，口内排出带有血的泡沫，病程较长者可见排便困难，呼吸急促，痉挛倒地，四肢呈游泳状，2～6小时内死亡。

（3）慢性型　病羊食欲减退，腹部胀满，拉稀，并有腹痛症状，有的病羊在死亡前结膜充血，呈"红眼"。病羊的体温不一，有的体温正常，有的体温升高至41℃左右。病羊后期呈极度衰竭，昏迷并口流带血泡沫，通常在数小时至1日内死亡。极少数病例可达2～3日死亡。

2. 剖检

病羊死后尸体迅速腐烂、膨胀。立即进行病理解剖，解剖时主要病变可见视黏膜充血，呈暗紫色，体腔积液，真胃及十二指肠红肿，黏膜有大小不同的出血点块，肺水肿，心包有大量积液，心内、外膜有点状出血，肝肿大，质脆，胆囊肿大。

3. 诊断

本病使羊突然死亡，生前诊断比较困难，死后检查真胃病变，如出现出血性炎症损害，可怀疑是该病，确诊需要进行病原学镜检；必要时进行病原体分离培养，诊断时应与炭疽、羊肠毒血症和羊黑疫等类似疾病相区别。

4. 防治方法

（1）预防　平时应加强饲养管理，防止寒冷，寒霜期放牧不宜过早，防止羊采食霜冻饲草。清除一切可能诱发此病的不利因素。羊群在经常发生该病的地区，每年夏末秋初对未发病的羊接种羊快疫、肠毒血症、羊黑疫、羊猝狙、羔羊痢疾五联苗，一律皮下注射 5 毫升，注射后 2 周就可产生免疫力，免疫期为 6 个月以上。对发病羊应立即隔离，场地消毒，尸体应烧毁或深埋，严禁利用。

（2）治疗　由于此病死亡急速，尚无很好的治疗方法，对病程较长的病羊试用对症治疗，如早期肌内注射青霉素或磺胺类药，如口服磺胺嘧啶，1 次 5～6 克，连服 3～4 次。进行肠道消毒、排毒，对症治疗。必要时配合强心输液解毒治疗，对发病较长、死亡慢的病羊有一定疗效。

五、羊肠毒血症

羊肠毒血症又称"软肾病""过食症"，是由 D 型产荚膜梭菌在羊肠道内繁殖产生毒素所引发的一种急性、高度致死性传染病，是绵羊的一种主要急性毒血症。患病羊急性死亡，死后的肾脏组织软化，故称之"软肾病"。

发病以绵羊为多，山羊较少。通常以 2～12 月龄、膘情好的羊发病为主，经消化道而发生内源性感染。牧区以春夏之交抢青时和秋季牧草结籽后的一段时间发病为多；农区则多见于收割抢茬季节或食入大量富含蛋白质饲料时。多呈散发流行。

1. 症状

病羊中等以上膘情，鼻腔流出黄色浓稠胶冻状鼻液，口腔流出带青草的唾液，僵尸一般不臌气。羊多在发病后 1～4 小时内死亡，流行后期时间稍长一些。放牧时，病羊突然离群呆立，或卧下，或奔跑，有时低头做采食状，口含饲草或其他异物，只做空嚼而不下咽；胃肠蠕动微弱，有的在濒死期发生肠鸣或腹泻，排黄褐色水样粪便或流出少量黏液，临死前有神经症状，昏迷；体温一般不升高。急性病例尿中含糖增多（2‰～6‰）是本病的特征。

2. 剖检

病羊胸腹腔积有多量深黄色渗出液；死亡数小时后，肾脏变软成面团状；小肠充满气体，黏膜严重出血；肝脏肿大；胆囊充满胆汁。诊断根据流行特点（散发、突发、死亡快，多发生于雨季和青草生长旺季），结合剖检所见病变及急性病例尿中含糖量明显增加，可做出初步诊断，确诊则需证实肠内容物中有毒素存在。要注意与炭疽、巴氏杆菌病、大肠杆菌病相区别。

3. 诊断

根据该病的流行特点，临床以急死、死后剖检肾脏软化为特征可做初步诊断。确诊需采取小肠内容物、肾脏及淋巴结等制片镜检具有荚膜的魏氏梭菌，同时将其小肠内容物滤液接种家兔和小鼠进行毒素检查和中和试验，可确定毒素和菌型。

（1）病原学检查

① 病料采集　采集小肠内容物、肾脏及淋巴结

等作为病料。

②染色镜检　病料染色检查，可于肠道发现大量有荚膜的革兰氏阳性大杆菌，同时于肾脏等脏器也可检出魏氏梭菌。

③分离培养　本菌虽为专性厌氧菌，但厌氧条件不苛刻，较易培养。常用厌气肉肝汤和鲜血琼脂分离培养。纯分离物进行生化试验以便鉴定。

（2）毒素检查　利用小肠内容物滤液接种小鼠或豚鼠进行毒素检查和中和试验，以确定毒素的存在和菌型。

4. 防治方法

由于发病急、死亡快，多数患病羊来不及治疗便死亡。对病程较长者，可一次给予10～20克磺胺脒。

（1）防治　在常发地区，每年发病季节前，用羊肠毒血症菌苗或用羊肠毒血症、羊猝狙、羊快疫三联苗进行预防注射。对发病羊群也可用上述菌苗作紧急预防注射，可控制该病的流行。发病地区应到高燥地带放牧，避免吃嫩草，必要时给予干草，并防止混入泥沙。应经常饲喂食盐及人工盐。

（2）治疗　急性病羊往往来不及救治，病程较慢的可试用以下疗法。

① 中草药疗法　苍术 10 克、大黄 10 克、贯众 5 克、龙胆草 5 克、玉片 3 克、甘草 10 克、雄黄 1.5 克（另包）。将前 6 味中药加水煎汤，后加雄黄，灌服；灌药后再服一些食用植物油。

② 西药疗法　刚发病的羊只先内服硫酸镁等轻泻剂，排出胃肠内有毒物质，再用青霉素 80 万～160 万单位与链霉素按每千克体重 10 毫克配合肌内注射；病程在 6 小时以上的灌服磺胺脒 8～12 克，第 1 天 1 次灌服，第 2 天分 2 次灌服。严重病例结合强心镇静等对症治疗。

六、羊猝狙

羊猝狙是由 C 型魏氏梭菌（又称为产气荚膜杆菌）所引起的一种急性肠毒血症，以急性死亡、腹膜炎和溃疡性肠炎为特征，主要经消化道感染。C 型魏氏梭菌随污染的饲料和饮水进入羊的消化道后，在小肠、十二指肠和空肠里繁殖，产生毒素通过肠黏膜进入血液而发生毒血症状。该病多发生于绵羊，尤以 1～2 岁的绵羊较多。山羊也可感染，但不多见。常流行于低洼、沼泽地区和冬、春季节。呈地方性流行。

1. 症状

本病发病急，病程短促，常未见病症即突然死亡。有时病羊表现不安、掉群、眼球突出。病程由于病菌毒素侵害与生命活动有关的神经而发生休克、卧地不起、衰弱或痉挛，一般数小时内死亡。

2. 剖检

病羊尸体的剖检病变主要见于消化道和循环系统，十二指肠和空肠黏膜严重充血，糜烂，有的区段可见糜烂灶和溃疡性肠炎，胸腔、腹腔和心包大量积液，浆膜上有小出血点。病羊死后8小时，骨骼肌肌间积聚血样液体，肌肉出血，有气性裂孔，骨骼肌变化与黑腿病的病变相似。

3. 诊断

根据该病流行特点和病程短促，成年绵羊突然死亡及剖检特征性病变，可做出初步诊断。确诊需采取体腔渗出液、脾脏等病料进行细菌分离和鉴定。取小肠内容物进行毒素检验，以确定毒素的存在和菌型。临床诊断应与羊黑腿病等疾病相区别。

4. 防治方法

（1）预防　加强饲养管理。本病发生严重时，应迅速将羊群转移到干燥地放牧，病羊应立即隔离，早期治疗，彻底消毒。疫区定期注射羊厌氧菌病三联苗（羊快疫、羊猝狙、羊肠毒血症）、五菌联苗（羊快疫、羊猝狙、羊肠毒血症、羊黑疫和羔羊痢疾）。

（2）治疗　可参照羊快疫和羊肠毒素血症的治疗方法进行。

七、羊黑疫

羊黑疫又称羊传染性坏死性肝炎，是由 B 型诺维梭菌（又称水肿梭菌）引起的一种绵羊和山羊急性高度致死性毒血症。本病以肝实质坏死性病灶为特征。诺维梭菌广泛存在于土壤中，当羊采食被芽孢体污染后的饲草，芽孢由胃肠壁经门静脉进入肝脏，仍以芽孢形式潜藏于肝脏组织中，但不引起发病；当肝脏因受未成熟的游走肝片形吸虫幼虫感染损害时，存在于该处的芽孢获得适宜条件而迅速生长繁殖，产生毒素进入血液循环，引起毒血症，损害神经元和其他与生命活动有关的细胞，导致急性休克而死亡。本菌能使 1 岁以上绵羊感染，多见于 2～4 岁营养良好的绵羊，山羊也可感染发病。该病的发生与肝片吸虫的感染程度密切相关，主要在春夏季发生于肝片吸虫流行的低洼潮湿放牧地区的羊群。

1. 症状

该病病程很短，临床症状不明显，绝大多数病羊未见有症状而突然死亡。少数病例病程延长 1～2 日，病羊表现精神委顿，放牧掉群，食欲废绝，反刍停止，流涎，呼吸急促，体温升至 41.5℃左右，最后在昏迷俯卧状态下死亡。

2. 剖检

病死的羊尸体迅速腐烂，皮下静脉显著瘀血，使其皮肤呈暗黑色，故称"黑疫"；胸部皮下组织水肿；心包腔积液；真胃幽门部和小肠充血、出血；肝脏表面和深层有数目不等的灰黑色坏死灶，肝脏充血肿胀，坏死性病灶的界限清晰，灰黄色周围有一鲜红色充血带围绕，切面呈半圆形。羊黑疫肝脏的这种坏死病变是特征性的，具有很大的诊断意义。

3. 诊断

根据该病的流行特点，临床特征和剖检肝脏坏死病变特征即可做初步诊断。确诊需做细菌学和毒素检查。采取肝脏坏死灶的组织涂片染色镜检，毒素检查可用"卵磷脂酶试验"检查病料组织中含有 B 型诺维梭菌所产生的毒素，确诊该羊死于羊黑疫。临床诊断应与羊快疫、羊猝狙、羊肠毒血症和羊炭疽等症状相似类病症进行鉴别。

4. 防治方法

（1）预防　加强饲养管理，设圈于高燥处，禁止在低洼潮湿地区放牧。做好防治工作，控制肝片吸虫的感染。由舍饲改为放牧之前，对羊群每年至少要进行 2 次定期驱虫，一次在秋末冬初由放牧转为舍饲之前，另一次在冬末春初由舍饲改为放牧之前。在流行地区的羊群，应定期进行特异性免疫，每年接种羊黑疫氢氧化铝甲醛菌苗或用羊黑疫、羊快疫二联苗或七联干粉苗进行预防接种。

（2）治疗　本病发生、流行时，将羊群移牧于高燥地区。可用抗诺维梭菌血清进行早期预防，每只羊皮下或肌内注射 10～15 毫升，必要时重复 1 次。

病程稍缓的羊只，肌内注射青霉素 80 万～160万国际单位，每日 2 次；连用 3 日；或者发病早期静脉或肌内注射抗诺维梭菌血清 50～80 毫升，必要时重复用药 1 次。

八、炭疽病

炭疽病是由炭疽杆菌引发的一种人畜共患的急性、热性、败血性传染病。各种家畜及人对该病都有感受性，羊的易感性高。

1. 症状

羊发生该病多为最急性或急性经过，表现为突然倒地，全身抽搐、颤抖、磨牙，呼吸困难，体温升高到 40～42℃，黏膜呈蓝紫色。从眼、鼻、口腔及肛门等天然孔流出带气泡的暗红色或黑色血液，血凝不全。尸僵不全。

病羊是主要传染源，濒死病羊体内及其排泄物中常有大量菌体，当尸体处理不当，炭疽杆菌形成芽孢并污染土壤、水源、牧地时，羊吃了被污染的饲料和饮水而感染，也可经呼吸道和由吸血昆虫叮咬而感染，多发于夏季，呈散发或地方性流行。

2. 诊断

① 突然发病，体温达 42℃以上，精神高度沉郁，

呼吸困难，全身发抖，可视黏膜发绀，口吐白沫，肛门、阴道流血，且血液不凝固，会很快突然死亡。

② 病情缓慢时兴奋不安，行走摇摆，呼吸加快，天然孔出血，多在 1 日内死亡（菌血症）。

③ 尸检特征：腹部极度膨胀，天然孔出血，尸僵不全，血管中血如酱油样。

3. 防治方法

（1）预防

① 预防接种。经常发生炭疽及受威胁地区的易感羊，每年均应用羊Ⅱ号炭疽芽孢苗皮下注射 1 毫升。

② 有炭疽病例出现时应及时隔离病羊，对污染的羊舍、用具及地面要彻底消毒，可用 10％烧碱水、0.1％升汞溶液、5％碘酊或 20％～30％漂白粉彻底消毒。羊群除去病羊后，全群用抗生素 3 日。

③ 对疑似炭疽病的羊，严禁剖检、剥皮和食用。

④ 对羊尸体应深埋，对污染的垫草、粪便等要烧毁。

（2）治疗

① 病羊必须在严格隔离条件下进行治疗，对病

程稍缓的病羊可采用特异血清疗法结合药物治疗。病羊皮下或静脉注射抗炭疽血清30～60毫升，必要时于12小时后再注射1次。

②炭疽杆菌对青霉素、土霉素及氯霉素敏感。其中青霉素最为常用，剂量按每千克体重1.5万国际单位，每8小时肌内注射1次。

九、羔羊大肠杆菌病

羔羊大肠杆菌病又称羔羊白痢病，是由致病性大肠埃希菌引起的一种急性传染病，其特征是剧烈下痢和败血症。病羔羊和带菌母羊是本病的主要传染源，病菌随粪便排出，污染地面、褥草、用具，甚至污染饲料、饮水和母羊的乳头等，羔羊舔食被污染的物体或吸吮母羊被污染的乳头等，经消化道感染。气候不良、母羊营养不足、奶汁过多或过少、过浓或过稀、饲养场地潮湿污秽等，均能诱使本病发生，该病主要侵害出生后6日～6周龄羔羊（也有3～8月龄），但有时也发生于成年羊。本病一年四季均可发生，但多发生于冬春舍饲期间，呈地方性流行或散发性。

1. 症状

潜伏期1～2日，临床上表现为败血型和肠型两种类型。

（1）败血型 主要发生于2～6周龄的羔羊，病初病羊精神沉郁，体温升高至41.5～42℃，结膜充血，有的轻微腹泻；带神经症状，头常弯向一侧，视力障碍，呼吸浅表，脉搏快而弱，并表现四肢僵硬，运动失调，继之卧地，头向后仰，一肢或四肢做划水状，口吐白沫，鼻流黏液，气喘，磨牙，继发肺炎，而后呼吸加快，也有病例发生关节炎，尤其是肘关节和腕关节肿大，最后昏迷。病程短，一般发病后4～12小时死亡。

（2）肠型 主要发生于7日龄以内的幼羔，病初精神委顿，体温上升至40.5～41℃。不久腹泻，体温降至正常或略高。粪便初为半液体状，由黄色变为灰黄色，并含有未消化的凝乳块及气泡，恶臭，严重病例带气泡，有时混有血液和黏液。羔羊后躯沾染粪便，并表现腹痛拱背、虚弱卧地、严重脱水，不能站立，24～36小时内死亡。多发生于2～8日龄新生羔。

2. 剖检

死于败血型的病例，病变可见胸腹腔和心包大量积液，内有纤维素；关节肿大，内含浑浊纤维素性絮片；脑膜充血，有很多小出血点；内脏器官充血。死于肠型的病例，病变可见胃、小肠内容物呈黄灰色半液状，肠黏膜充血、水肿和出血，肠内混有血液和气泡，肠系膜淋巴结肿大。有的病例初期有肺类病变。

3. 诊断

根据流行病学、临床症状和剖检病变可做初步诊断。确诊需采取内脏组织、血液或肠内容物剖检病变，做大肠杆菌的分离鉴定检查。在诊断该病时应注意与 D 型魏氏梭菌引起的羔羊痢疾相区别。

4. 防治方法

（1）预防　加强对母羊的饲养管理，精心喂养羔羊，尽量让羔羊吃到足够初乳，铺厚垫草，注意保暖。搞好圈舍环境和饮食具的消毒卫生工作，定期进行消毒，常给羊饮用 0.01％高锰酸钾溶液等进行肠道消毒。疫区给羔羊接种大肠菌甲醛菌，3 月龄以内的每只注射 0.5～1 毫升；3 月龄以上至 1 周岁的羊，每只皮下注射 2 毫升。对已发病的羔羊应立即隔离，及早治疗；圈舍要用 3％～5％来苏儿液消毒。

（2）治疗

① 大蒜酊　大蒜 100 克，95％酒精 100 毫升浸

泡 15 日，过滤取汁即成；每羔 2～3 毫升，加适量温水 1 次灌服。

② 中草药疗法　白龙散加减白头翁 20 克、龙胆草 20 克、黄连 15 克、白芍 15 克、山楂 10 克、当归 10 克，水煎至 100 毫升，每羔灌服 10 毫升，每日 2 次，连用数日。

③ 西药疗法　早期用抗生素如新霉素或土霉素，每羔每日按每千克体重 20～50 毫克；或用庆大霉素，按每千克体重 1000～1500 国际单位，肌内注射，每日 2 次，连用 3 日。注射磺胺类与甲氧苄胺嘧啶合用都有一定疗效。呋喃按每日每千克体重 2～5 毫克，分 2～3 次灌服，新生羔羊再加胃蛋白酶 0.2～0.3 克，脱水严重者用 5% 葡萄糖盐水 20～100 毫升。心脏衰弱者用 25% 安钠咖 0.5～1 毫升皮下注射；对于有兴奋点的羔羊，用水合氯醛 0.1～0.2 克加水灌服。

④ 针刺穴位　交巢穴、脾俞穴、后三里穴（毫针针刺或水针）。

十、羔羊痢疾

羔羊梭菌性痢疾习惯上称为羔羊痢疾，俗名"红肠子病"，是新生羔羊的一种毒血症，其特征为持续性下痢和小肠发生溃疡,死亡率很高。由于小肠有急性发炎变化,有些放牧员称之为"红肠子病"。本病一般发生于出生后 1～3 日的羔羊,较大的羔羊比较少见。一旦某一地区发生本病,以后几年内可能持续使 3 周龄以内的羔羊患病,表现为亚急性或慢性。

羔羊痢疾由多种病原微生物引起,其中主要是大肠杆菌、产气荚膜梭菌、沙门菌、轮状病毒、牛腹泻病毒等。该病一般发生于 7 日龄以内的羔羊,以 2～4 日龄羔羊发病率最高。

1. 症状

本病潜伏期 1～2 日或更短,发病初期病羊表现精神沉郁,怕冷喜卧;低头弓背,停止吮乳。不久发生腹泻,排出粪便呈粥状后变水样,色为黄色、黄绿色灰,恶臭。有的粪便带血,肛门失禁,眼窝下陷,卧地不动,最后衰竭。

我国已试制成功羊厌氧五联菌苗,皮下或肌内注射 5 毫升,免疫期除羊快疫较短外,其他病可达 1 年。也可用诺维梭菌血清早期防治,皮下或肌内注射 10～15 毫升。

2. 剖检

尸体脱水现象严重。最显著的病理变化是在消化道，第四胃内往往存在未消化的凝乳块；小肠（特别是回肠）黏膜充血发红，溃疡周围有一出血带环绕，有的肠内容物呈血色，肠系膜淋巴结肿胀充血，间或出血。心包积液，心内膜有时有出血点。肺常有充血区域或瘀斑。

3. 诊断

在常发地区，依据流行病学、临床症状和病理变化一般可以做出初步诊断。确诊需进行实验室检查，以鉴定病原菌及其毒素。沙门菌、大肠杆菌和肠球菌也可引起初生羔羊下痢，应注意区别。

4. 防治方法

（1）预防　加强妊娠母羊的饲养管理，使母壮羔肥，从而增强羔羊抗病能力。搞好卫生工作，产羔前，对栏舍进行严格消毒，并要做好母体、乳房及用具的清洁卫生，并注意保暖防寒。做好预防接种，每年秋季给母羊注射羔羊痢疾菌苗或厌气菌五联菌苗，产前2～3周，再给母羊注射1次，可预防本病发生。

（2）治疗

① 验方　用干姜30克、白胡椒18克、红糖70克，先将红糖入锅熔化，干姜和胡椒研成细末后，放

入熔化的红糖中搅拌，凉后再研成细末，每次每只羔羊用量6～12克，温水冲服，可温中止痢。也可灌服大蒜酊，每次每只羔羊3～5毫升，每日2～3次。

②中草药疗法　可用黄连3克、白芍药3克、吴茱萸1克、奶酪1克，共研细末，开水冲调，候温灌服，3～4日龄羔羊每只每次2克，10日龄以上羔羊每只每次4克。湿热型痢疾可用乌梅散：乌梅3克、郁金2克、姜黄2克、黄连2克、诃子2克、干柿2克，共研末，开水冲调或水煎候温灌服。疫毒型痢疾用白头翁500克、黄柏500克、蒲公英1000克、甘草300克，共研末，第1次加水500毫升，第2次加水300毫升，煎煮1小时，两次煎煮液混合浓缩，加入面粉2000克，成散团状，经凉至半干，制成药丸晾干备用。每只羔羊每次用量10克，2岁以下1次用量20～30克，2岁以上每只每次40～60克，用温水冲调，1次灌服，每日1次，连用3日。

③西药疗法　用土霉素0.2～0.3克，或加胃蛋白酶，水调灌服，每日2次。

④板蓝根治疗　板蓝根5～15克，煎汤内服；或用板蓝根冲剂1～2包（人用药），温开水冲服，每日2～3次，连用2～3日。

⑤ 验方疗法　酸奶水 50 毫升、红糖 25 克，加温至 40℃左右，候温内服，每只每次 30 毫升，日服3 次，也有良好效果。

⑥ 口服补液盐（ORS）疗法　在使用上述药物治疗的同时，可给病羔饮服口服补液盐代替静脉输液疗法。配方：氯化钠 3.5 克、氯化钾 1.5 克、小苏打 2.5 克、葡萄糖 20 克，温开水 1000 毫升，溶解后供病羔羊自由饮用，每日 2～3 次，连用 2～3日，后改用常水。

⑦ 高免血清治疗　英国意康的羊疫康与粉针1∶1稀释后，治疗量 100～150 千克/瓶，1 次/日，连用 2 日。预防量减半或遵医嘱。肌内注射，可治疗羔羊痢疾，效果显著。

十一、钩端螺旋体病

钩端螺旋体病是由钩端螺旋体所引起的人畜共患的一种急性传染病，以贫血、黄疸、血红蛋白尿或黏膜和皮肤坏死，以及在短期发热为特征。钩端螺旋体很纤细，具有浅而密的螺旋，中央有 1 根轴丝，菌体两端呈钩状弯曲。在一般的水田、池塘、低洼的沼泽及呈微碱性或中性的淤泥和水中可以存在数月或更长时间。在自然条件下，各种年龄的猪牛羊马及犬猫等动物均可感染发病，鼠类易感性强，人也能感染此病。传染来源主要是鼠类和猪、牛等带菌动物，因钩端螺旋体存在于动物内脏中，常随病羊和带菌动物的尿液排出体外，污染水源和土壤而大量传播。本病感染途径主要为皮肤黏膜感染，也可经消化道感染。若管理不当，圈舍运动场粪尿污水等常成为暴发本病的重要因素。本病呈地方性流行或散发，具有明显的季节性，多发生在温度较高、潮湿和雨量充足的夏秋季节，每年以 7～10 月份为流行高峰期，其他月份常仅有个别散发。

1. 症状

本病潜伏期为 4～5 日。一般为隐性感染，少数病例出现以下症状。

（1）**最急性型** 羊突然发生高热、废食，呼吸加快、心跳增速，贫血显著，有不同程度的黄疸，尿呈黄红色，常于 12～24 小时内发生痉挛死亡。

（2）**急性型** 具有比较典型的临床症状。常发生突然高热达 40～41℃，稽留 1～8 日。病羊精神沉郁，腹泻，虚弱，黏膜坏死、水肿等，黄色尿；反刍停止，以后因皮肤和黏膜坏死，孕羊流产，常于发病后5～7日内死亡。

（3）亚急性型　病症与急性型基本相同，但发展缓慢，病羊体温有不同程度升高，食欲减退，黏膜及皮下组织发生黄染。泌乳量逐渐减少或停止，乳色变黄并常有血凝块。有的病羊有结膜炎和鼻炎，皮肤坏死，显著消瘦。但很少死亡，经2个月后逐渐好转。

（4）慢性型　呈间歇热，反复发作，病羊逐渐消瘦，发热时贫血症状显著，一些暴发病羊群的妊娠母羊流产是重要的症状，可与急性型症状同时出现。

2. 剖检

病变可见黏膜及皮下组织黄染，口腔黏膜有溃疡，皮肤有干裂坏死病灶。肝脏肿大、松软、呈黄色，质地脆弱；肾肿大，皮质有散在的灰色病灶。肺、心、肾和脾等实质器官有出血斑点。胸腹腔内常有黄色液体潴留，还可见到膀胱积有深黄色或红色尿液。淋巴结肿大，特别是肠系膜淋巴结肿大、出血。

3. 诊断

本病可根据临床症状和剖检病变做初步诊断。确诊需要血清学诊断，可根据溶血凝集试验与补体结合试验进行诊断。在病羊发热初期，采取血液、尿液及死后肾脏送实验室检查。

4. 防治方法

（1）预防　消除带菌动物。对新购入的羊必须隔离检疫 30 日，无病方可混入羊群。为了提高羊体免疫力，可用钩端螺旋体病多价苗进行预防接种，同时消灭鼠类，消除和清理被污染的牧场、圈舍、草料、水源。发现病羊应及时进行隔离治疗，对病羊污染的圈舍、运动场和用具等用 3% 克辽林或来苏儿溶液，2% 氢氧化钠或 20% 石灰乳进行彻底消毒。粪尿堆积发酵处理，防止传染和散播。

（2）治疗

① 中草药疗法　根据病羊临床表现不同分为阳黄和阴黄两型。阳黄型发病急，眼、口、鼻及母羊阴户黏膜发黄，宜用加减茵陈蒿汤：茵陈蒿 50 克，栀子 25 克，大黄 10 克，水煎灌服；火毒炽或者加黄连、黄芩、黄柏、丹参。阴黄型眼、口、鼻和黏膜发黄、色晦暗，耳鼻和四肢末梢发凉，病程较长，用加减茵陈术附汤：茵陈 50 克，白术 20 克，附子 15 克，干姜 10 克，茯苓 15 克，猪苓 10 克，泽泻 10 克，陈

皮 10 克，甘草 5 克，水煎灌服。

② 西药疗法　链霉素按每千克体重 15～25 毫克，青霉素按每千克体重 40 万国际单位肌内注射。如同时用土霉素，按每千克体重 20～50 毫克混入饲料中喂服，轻者持续 2～3 日，重者持续 3～6 日，有良好疗效。严重病例需用葡萄糖、维生素 C，配合应用强心利尿剂，在治疗过程中除加强病羊护理外，还应按病情用药，对症治疗。如胃肠弛缓，给服硫酸钠或硫酸镁；黏膜、皮肤坏死者可用高锰酸钾溶液冲洗，涂敌百虫软膏。

十二、衣原体病

羊衣原体病是由衣原体科衣原体属的沙眼衣原体、鹦鹉热衣原体、肺炎衣原体引起的，以母羊发热流产、死产和产弱羔羊为特征的一种恶性传染病。母羊妊娠期，衣原体在胎衣和绒毛膜中驻足和繁殖引起病理变化，衣原体侵入胚胎中造成胎羔感染或流产。病羊和带菌者是本病的主要传染源，可通过粪便、尿、乳汁及流产胎儿、胎衣、羊水排出病原菌，污染水源和饲料等经消化感染健康羊，亦可由污染尘埃散布于空气中的液滴经呼吸道或眼结膜感染。饲养条件卫生差的产房和过分密集饲养均可促进本病发生。所有绵羊、山羊不论年龄和性别均易感染，牛、猪等家畜也较易感染。妊娠母羊流产常呈地方性流行。本病的发生无明显季节性，羔羊关节炎和结膜炎常见于夏秋季节。

1. 症状

本病潜伏期为50～90日，根据不同的临床症状，可以分为流产型、关节炎型和结膜炎型。

① 流产型　多发生在妊娠中后期，母羊主要临床表现为流产、死产和产弱羔羊。流产无特征和先兆征象。病羊体温升高，精神不振，在数日内从阴道排出子宫污秽物，流产后胎衣常滞留。有些母羊因继发细菌性子宫炎而死亡。流产过的母羊以后不再流产。

② 关节炎型　羔羊感染后临床表现发热、跛行、多发性关节炎，有些羔羊同时发生双侧性结膜炎，甚至因败血症而死亡，多发性关节炎病初病羊体温上升至41～42℃，精神沉郁，离群，食欲减退或废绝，肌肉僵硬，四肢关节肿胀疼痛，随着羔羊病情的发展，其跛行加重，弓背而立，有的长时间侧卧。两眼都有滤泡性结膜炎，主要发生于绵羊，尤其是育肥羔

羊和哺乳羔羊。

③ 结膜炎型　衣原体进入羊眼结膜上皮细胞的胞质空泡里，形成初体和原生小体，从而引起眼结膜充血、水肿，大量流泪，发病的第 2～3 天角膜发生不同程度的浑浊、糜烂，出现血管翳溃疡或穿孔。经 2～4 日开始愈合。数日后在瞬膜和眼睑结膜上形成直径 1～10 毫米的淋巴样滤泡。病程一般 6～10 日，但伴发角膜溃疡者病期可达数周。

2. 剖检

① 流产型　流产母羊胎膜水肿、增厚，子叶呈黑红色或土黄色。流产胎儿水肿，皮下组织、胸腺及淋巴结等处有点状出血，肝脏充血肿胀，表面有针尖大小灰白色病灶。

② 关节炎型　关节囊扩张，发生纤维素性滑膜炎。

③ 结膜炎型　眼结膜充血，水肿；角膜发生水肿、糜烂和溃疡；瞬膜、眼膜上有大小不等的淋巴样滤泡。

3. 诊断

衣原体感染绵羊、山羊，可有不同的临床症状。

① 流产型　流产通常发生于妊娠的中后期，主要表现为流产、死产或产出弱羔羊。流产后往往胎衣滞留。流产羊胎盘子叶增厚、出血并混有淡黄色渗出物。

② 关节炎型　主要发生于羔羊。感染羔羊病初体温高达 41～42℃。食欲减退，掉群，四肢关节肿胀、疼痛，一肢或四肢跛行。有些羔羊同时发生结膜炎，发病率高。

③ 结膜炎型　结膜炎主要发生于绵羊，特别是肥育羔和哺乳羔。病羔眼结膜充血、水肿，大量流泪，随后角膜发生不同程度的浑浊、溃疡或穿孔。在发生本病的羊群中可见公羊患有睾丸炎、附睾炎等疾病。临床上注意与布氏杆菌病、弯杆菌病和沙门菌病等进行区别诊断，需根据病原体检查和血清学试验进行鉴别。病料主要从有症状或有病变部位采集，如病发器官渗出物、流产胎盘、子宫分泌物和关节炎病例的滑液。

4. 防治方法

（1）预防

① 在本病常发地区，每年春季用Ⅱ号炭疽芽孢苗预防接种，每只绵羊皮下注射 1 毫升，注射后 14 日

产生免疫力。对体弱、体温高、1月龄以下的羔羊以及妊娠已到产前2个月内的母羊，不宜注射疫苗。

② 当本病发生后应立即隔离、消毒并上报疫情，封锁发病场所，健康羊群应紧急预防接种。病羊栏舍、用具及地面应彻底消毒，病死羊的饲料、垫草、粪便，用10%氢氧化钠溶液或20%漂白粉消毒。

（2）治疗　必须在严格隔离条件下进行。抗炭疽血清是治疗炭疽的特效药品，病初应用可获得良好的效果，每只羊每次40～80毫升，皮下或静脉注射，隔12小时，若体温不下降，再注射1次。用磺胺类药物有良好的疗效，其中磺胺嘧啶最好，每日用量按每千克体重0.1～0.2毫克计算，分3～4次灌服；或用10%～20%磺胺嘧啶钠溶液静脉或肌内注射，每次20～30毫升。或用青霉素，第1次用160万国际单位，以后每隔4～6小时用80万国际单位，肌内注射。抗炭疽血清与青霉素合用疗效最佳。

十三、羊痘病

羊痘病，俗名"羊天花"，是一种人畜共患的急性热性接触性传染病，一旦羊群感染本病，放牧人员应高度重视，并立即采取防控措施，严防扩散给周边羊群和饲养工人。

1. 症状

该病潜伏期为 5～6 日，初期为红色或紫红色的小丘疹，质地坚硬，以后扩大成为顶端扁平的水疱，能发展成出血性大疱或脓疱，中央可有脐凹，大小为 3～5 厘米。在 24～48 小时内疱破，表面覆盖厚的淡褐色焦痂，痂四周有较特殊的灰白色或紫红色晕，其外再绕以红晕，以后变成乳头瘤样结节。最后变平、干燥、结痂而自愈。病程一般为 3 周，也可长达 5～6 周，病后机体可获得永久性免疫。皮疹数目不多，为单个或数个，好发于手指、前臂及面部等暴露部位。除了局部有轻微肿痛外，无全身症状或仅有微热，局部淋巴结肿大。有些羊在发病后 2 周，于躯干部出现圆形红斑，经 2～3 日形成丘疹，亦可在四肢内侧出现多形红斑样皮疹。

绵羊痘：病羊体温升高达 41～42℃，结膜、眼睑红肿，呼吸和脉搏加快，鼻流出黏液，食欲丧失，弓背站立，经 1～2 日后出现痘疹，痘疹多见于皮肤无毛或少毛处，先出现红斑，后变成丘疹再逐渐形成水疱，最后变成脓疱，脓疱破溃后，若无继发感染则逐渐干燥，形成痂皮，经 2～3 周痊愈；发生在舌和齿龈的痘疹往往形成溃疡；有的羊咽喉、支气管、肺脏和前胃或真胃黏膜上发生痘疹时，病羊因继发细菌或病毒感染而死于败血症；有的病羊见痘疹内出血，呈黑色痘；还有的病例痘疹发生化脓和坏疽，形成深层溃疡，发出恶臭，常为恶性经过，病死率高达 20%～50%。

山羊痘：病羊发热，体温升高达 40～42℃，精神不振，食欲减退或不食，在尾根、乳房、阴唇、尾内肛门的周围、阴囊及四肢内侧，均可发生痘疹，有时还出现在头部、腹部及背部的毛丛中，痘疹大小不等，呈圆形红色结节、丘疹，迅速形成水疱、脓疱及痂皮，经3～4 周痂皮脱落。

羊痘病流行特点：在自然情况下，绵羊痘只能使绵羊感染，山羊痘只能使山羊感染，绵羊和山羊不能相互传染；最初是个别羊发病，以后逐渐发展蔓延全群；山羊痘通常侵害个别羊群，病势及损失比绵羊痘轻些；主要通过呼吸道传染，水疱液和痂块易与飞尘或饲料相混而吸入呼吸道；病毒也可通过损伤的皮肤或黏膜侵入机体，人、饲管用具、毛、皮、饲料、垫草等，都可成为间接传染的媒介。

本病主要在冬末春初流行，气候严寒、雨雪、霜冻、枯草季节、饲养管理不良等因素也可促进发病和加重病情。

2. 剖检

病羊口腔和咽部黏膜增厚水肿，呈暗红色，有红斑点、丘疹和水疱，鼻腔、气管黏膜有少量溃疡，气管内壁有黏性渗出物，食道有数个圆形红斑，瘤胃和皱胃有小片的糜烂区和点状溃疡面，肝脏有淡黄色的干酪样结节，肺有片状的红色区域，淋巴结肿胀、色红。

3. 诊断

绵羊和山羊都易感染。可根据流行情况、临床症状及解剖变化，诊断为羊痘病。

4. 防治方法

（1）预防 加强饲养管理，平时应注意环境卫生，做好羊只的常规驱虫、环境消毒等工作，以增强羊只机体的抵抗力。加强检疫，特别是引进种羊等的检疫。一般情况下，应尽量控制引种，如确要引种，应将引进种羊隔离4周，检疫合格后才能混群。

（2）治疗

① 使用羊痘一针灵（天行健动物药业） 羊痘一

针灵含有专治羊痘的高效同源精致血清抗体。并且可提高羊群免疫力，增强羊群体质。发病初期打一针即可治愈（100千克体重/瓶），严重的两针可治愈。同时配合地塞米松，每瓶添加5毫升混合注射；如继发的有细菌感染可配合头孢肌内混合注射。

②中草药疗法　病羊初期：二花6克，升麻3克，葛根6克，连翘6克，土茯苓3克，生甘草3克，水煎1次灌服；或者升麻3克，葛根9克，金银花9克，桔梗6克，浙贝母6克，紫草6克，大青叶9克，连翘9克，生甘草3克，水煎分2次灌服。

痘疹破溃时：连翘12克，黄柏45克，黄连3克，黄芪6克，栀子6克，水煎灌服。痘疹趋愈，形成痂皮。

病羊虚弱时：当归6克，黄芩6克，赤芍15克，紫草3克，金银花3克，甘草1.5克，水煎灌服，根据病情酌加用量。或者沙参6克，寸冬6克，桑叶3克，扁豆6克，花粉3克，玉竹6克，甘草3克，水煎1次灌服。

十四、羊传染性脓疱病

羊传染性脓疱病又称羊传染性脓疱性口炎，俗称

"羊口疮",是由口疮病毒引起的绵羊和山羊的一种传染病。以口唇部皮肤和黏膜形成丘疹、脓疱、溃疡和结成疣状厚痂为特征。本病主要发生于幼龄羊,羔羊感染此病后,往往造成采食困难,或因继发感染坏死杆菌而死亡。由于该病可感染与患羊直接接触的人,故该病的防治在公共卫生上也具有一定意义。

1. 症状

病羊在发病初期,可见唇部皮肤和口腔黏膜出现多个红斑,继而变成脓疱,脓疱破溃后形成疣状棕色痂块,痂块破裂、撕脱后出血。羔羊病后因唇舌肿胀、疼痛,不愿吃奶,舌、颚、齿龈、口腔发生病变,口腔内的脓疱破溃后经久不愈,形成溃疡,上有淡黄色膜状沉积物。若有坏死杆菌、葡萄球菌等感染,会造成病情恶化,引起羔羊大批死亡。

2. 剖检

对病死羊进行解剖,主要见口唇、舌面、口腔黏膜有脓疱、溃烂面,喉、食道微肿变窄,瘤胃、网胃、瓣胃内空荡无食物,机体消瘦、肌肉色淡,内脏器官无明显病理变化,躯体皮表、蹄部、关节基本正常。

3. 诊断

根据患羊口唇、舌面、口腔黏膜等部位的水疱、脓疱、溃疡以及疣状厚痂等临床特征和病理变化，初步诊断为羊传染性脓疱性口炎。

确诊需要进行实验室检查，主要采集患羊血样送县级以上动物疫病预防控制中心化验室检查，经用羊口蹄疫抗体试剂检测，排除羊口蹄疫以及与羊痘、羊口蹄疫鉴别，诊断后即确诊为羊传染性脓疱性口炎。

4. 防治方法

（1）验方　木耳山楂散：取白木耳、黑木耳各50克，山楂50克，白糖100克，研为细末，过筛后装瓶密封备用。治疗时先用1％高锰酸钾溶液冲洗病羊口腔溃疡面，然后取木耳山楂散适量加鸡蛋调为糊状，涂于患部，每日涂2～3次，连用3～5日。

（2）黄芪多糖注射液　按羊每千克体重0.2～0.5毫升，1次肌内注射，每日注射1～2次，连用2～3日。

（3）聚肌胞注射液（人用药）　每只羊每次注射2～4毫升，隔日注射1次，连用2～3次。

（4）黄连上清丸　按羊每千克体重1克内服，每日服 2 次，连用 3 日。

（5）重症病例治疗　如果病羊体温升高、全身症状较重，可配合地塞米松 2～4 毫升，庆大霉素 20 万～40 万国际单位，维生素 C 2～5 毫升，维生素 B$_1$ 4～5 毫升，1 次肌内注射，每日 2 次，连用 2～3 日。

十五、坏死杆菌病

坏死杆菌病是由坏死梭杆菌引起的一种慢性传染病，可感染多种畜禽类，各种动物受侵害的组织和部位不同，病的特征是在受损伤的皮肤和皮下组织、消化道黏膜发生组织坏死。有的在内脏形成转移性坏死灶。坏死梭杆菌广泛存在于土壤、污塘泥、动物舍饲场所和动物肠道粪便中。本病传染源主要为患病和带菌动物，病菌随渗出分泌物或坏死组织污染环境。带菌动物常由粪便排出病菌，污染土壤、死水坑、畜舍、饲料和垫草。主要经皮肤和黏膜而感染，多为蹄和四肢皮肤、口腔黏膜和生殖器黏膜。新生羔羊可经脐带感染。本菌能产生外毒素，引起组织水肿，其内毒素能使组织坏死。畜禽中，猪、绵羊、山羊、牛、马易感染；羔羊和幼年羊最易感染发病；绵羊坏死杆菌病多于山羊。多见于低洼潮湿地区和多雨季节，呈散发性或地方性流行。

1. 症状

本病潜伏期为数小时至 1～2 周，一般为 1～3 日。病型因受害部位不同而有所不同。

（1）腐蹄　成年羊以腐蹄病较为常见，病初轻度跛行，多为一肢患病，随病的发展患病蹄冠红肿热痛，皮肤出现坏死区，并可蔓延到滑液、囊、腱、韧带、关节。有时蹄底溃烂，挤压肿烂部位有腐臭的脓样液体流出，引起内部组织广泛坏死，以至蹄匣脱落。病羊行走困难或长期卧地不起，坏死灶中充满黄色液体，严重者出现全身症状如发热、厌食，进而发生脓毒败血症死亡。

（2）坏死性口炎　又称"白喉"。潜伏期约 3～7 日。羔羊多发于生齿期间。病初厌食，体温升高，咳嗽，有鼻汁，气喘和呼吸困难。检查口腔，见舌、齿龈、上颚、颊内面及喉头黏膜上附有假膜，为粗糙、污秽的灰褐色或灰白色。剥脱假膜，可见其下有不规则溃疡面，易出血。病变发生于喉头者，有颌下水肿及严重的呼吸困难，咳嗽，不食，流涎，鼻浓涕，体温升高，有时腹泻。病变可延伸至肺部，引起致死性支气管炎，常导致病羊死亡。通常病程4～5日，也有延至2～3周者。

（3）肝肺坏死杆菌病 俗称"羊烂肝肺病"。坏死肝肺上散布着数量及大小不等的坏死病灶。

2. 剖检

羔羊常见脐环坏死，腹膜与脐环相接部分发生纤维素性腹膜炎与脐炎。羊除口腔及食道外，腺胃及肠道中也见坏死灶，有时在肌腱和骨也发生坏死病变。

3. 诊断

诊断本病可根据流行病学和临床症状做初步诊断。确诊需要实验室诊断，采用直接镜检法，由肝脏采取材料分离培养和涂片镜检，检查出坏死梭杆菌，即可诊断为本病。

4. 防治方法

（1）预防 加强饲养管理，搞好环境和畜舍清洁卫生工作，保持畜舍干燥，避免拥挤和争食咬斗而发生创伤。同时不要在低洼潮湿地区放牧，多发季节可在饲料中添加抗生素药物进行预防。羊群中一旦发病应及时隔离治疗。对发病羊舍、粪便和坏死组织要严格消毒和销毁。

（2）治疗

① 腐蹄病的治疗　用清水洗净患部后用1%高锰酸钾溶液或3%来苏儿冲洗消毒；用5%～10%硫酸铜溶液进行蹄浴；在蹄底孔洞内填塞硫酸铜、水杨酸或高锰酸钾、磺胺粉，创面可涂敷10%甲醛酒精液；对软组织用磺胺软膏、碘仿鱼石脂软膏等药物后用绷带包扎患蹄。当发生转移性病变灶时，可注射磺胺嘧啶或土霉素，连用5日。

② 坏死性口炎的治疗　先除去口腔内伪膜，然后用1%高锰酸钾溶液冲洗口腔，最后涂抹碘甘油或撒布冰硼散，隔日1次，连用3次。

③ 肝肺坏死杆菌病的治疗　注射抗生素或磺胺类药物。

十六、狂犬病

狂犬病又称"恐水症"，俗称"疯狗病"，狂犬病是由属于RNA型的弹状病毒科狂犬病属，是一种嗜神经性狂犬病毒引起的一种人畜共患的急性接触性传染病。该病毒在动物体内主要存在于中枢神经系统组织，在神经细胞中形成的特殊包涵体，在病狗的中枢神经系统中浓度最高，以兴奋、狂暴不安、意识障碍、最后麻痹死亡为特征。野生动物和家畜是狂犬病的传染源。多数患病动物唾液中带有病毒，由患病动物咬伤或伤口被含有狂犬病病毒的唾液进入易感动物皮下组织后，沿神经纤维由外周神经进入神经中枢，并在神经系统中继续散发。此外，还存在非咬伤性的传播途径，如消化道、呼吸道和胎盘感染。本病犬类动物易感性最高，人和各种动物对本病都有易感性。羊狂犬病病例少见。

1. 症状

羊等动物被狂犬病病毒感染后，潜伏期一般2～6周，有时长达数月或数年之上。病毒从感染部位沿周围神经的轴浆传播到中枢神经系统。典型病症可分为前驱期、兴奋期、麻痹期共3个时期。

（1）前驱期　病羊表现精神沉郁，行动异常，不愿活动，离群孤处，食欲降低，反刍减少或停止，约2日后进入兴奋期。

（2）兴奋期　病羊表现起卧不安，不断咩叫，性欲亢进，呼吸加快，对刺激敏感，性暴躁、好斗，有攻击动物表现，母羊常撞咬自生的羔羊，有的常舔咬伤口部位，使之经久不愈，公羊性欲高度亢进，常不断地互相爬跨。

（3）麻痹期　为病末期，病羊咽喉肌肉和舌肌、下颌肌麻痹，口半张、流涎，出现吞咽困难。继而后躯、四肢麻痹，卧地不起，最后昏迷衰竭而死亡，病程3～6日，也有长达8日左右。

2. 剖检

尸体无特征性剖检变化，尸体消瘦，常见口腔和咽喉黏膜充血或糜烂，胃黏膜重度发炎，且大量出血。中枢神经实质及脑膜肿胀充血和出血。组织学检查有非化脓性脑炎，可在神经细胞的细胞质内检出嗜酸性包涵体。

3. 诊断

本病临床诊断比较困难，如根据患羊各期典型症状，结合病羊咬伤病史，可做初步诊断。确诊需实验室进行病理组织学检查，动物接种，荧光抗体检查确诊本病。

4. 防治方法

（1）预防　加强羊群管理，疫区应严禁养犬，捕杀野犬，防止羊被野犬、狼、狐等动物咬伤，以免传播病毒。放羊家犬应定期注射疫苗（目前使用的疫苗有狂犬疫苗）10～20毫升在羊颈部或背侧皮下注射，第1次注射3～5日后，再注射第2次。免疫期为半年。用ERA株狂犬病弱毒疫苗肌内注射，对成年羊有效。

（2）治疗　目前尚无有效药物治疗。若羊被咬伤，对可疑患狂犬病羊，接种狂犬病疫苗10～20毫升，于颈部或背侧皮下注射，同时结合注射免疫血清进行治疗，对伤口彻底消毒处理。一旦发现患狂犬病的病犬和病羊应立即捕杀。

十七、伪狂犬病

伪狂犬病（又名阿氏病、传染性延髓麻痹，俗称"奇痒病"）是由病原体属DNA疱疹病毒科的伪狂犬病毒引起的多种家畜和野生哺乳动物的一种急性传染病。此病毒常存在于脑脊髓组织中，在败血时，存在于血液及实质脏器。临床症状以发热、奇痒及脑脊髓炎症状为主要特征，随病羊年龄不同，其临床症状也有差异。带病毒羊及带病毒鼠为本病主要传染源。如病羊发热期间，其鼻液、唾液、乳汁、阴道分泌物及血液、实质器官中都含有病毒。在自然条件下，猪、牛、羊、狗、猫及实验小动物对此病最敏感。感染的主要途径是消化道，亦可经过皮肤伤口、鼻黏膜、生殖道黏膜而传染。本病多发生于冬、春两季，这可能是由于鼠类及其他动物春季缺乏食物，集中进出羊舍觅食而传染本病。呈散发或地方性流行。

1. 症状

本病的潜伏期一般为 3～6 日。主要表现为局部皮肤发生奇痒，病羊常用舌舔或向墙柱上搔痒，使皮肤变红、脱毛、水肿，甚至破皮出血。病羊病初体温升高至 40.5℃以上，随后下降至常温以下，但表现精神沉郁，呼吸困难，食欲废绝，不反刍，间有呕吐，下痢。当延髓受侵害时，病羊咽部麻痹、兴奋、心跳不规则，呼吸急促、磨牙、咩叫、不安、痉挛而死。

2. 剖检

死于本病的羊剖检变化差异很大，一般皮下水肿，中枢神经系统症状明显时，脑膜充血，脑脊髓液量过多。鼻咽黏膜充血，可见肺充血水肿和心外膜出血，心包积液。

3. 诊断

根据流行病学和临床症状（病羊奇痒及后期麻痹

而死为特征），再结合资料分析，可以做出初步判断。确诊本病必须采集脑组织作病料进行实验室病原学检查。镜检病料病变做病原分离培养，细胞内发现核内嗜酸性包涵体。或进行动物接种试验、血清学试验。诊断时应注意与狂犬病、李氏杆菌病等类似症相鉴别。

4. 防治方法

（1）预防　平时加强饲养管理，不从疫区引入种羊。引入羊要进行严格地隔离，1个月观察检疫，无病时方可混入羊群，羊的舍圈及用具每周用2％热烧碱溶液消毒1次。羊的粪尿应放发酵池或沼气池处理，同时要消灭羊场内的老鼠及野生动物，不喂被病鼠污染的饲料，这对预防本病有着重要意义。在疫区需用疫苗注射，发现疫情，羔羊与母羊一律注射伪狂犬病疫苗（鸡胚细胞氢氧化铝甲醛疫苗），预防注射2次。颈部皮下注射共15毫升（第1次7毫升，7日后再注射8毫升），14日产生免疫力，免疫期约1年以上。发现病羊立即隔离治疗或淘汰，销毁或深埋。被污染的羊舍、用具需用2％氢氧化钠溶液或3％来苏儿严格消毒。

（2）治疗　目前尚无特效药物和治疗方法。对病羊治疗比较困难的，良种病羊早期可注射抗伪狂犬病特异血清治疗。一般采用全群扑杀淘汰、消毒净化措施。

十八、破伤风

破伤风又名"强直症"，俗称"锁口风"，是由破伤风梭菌引起的一种人畜共患传染病。临床上以骨骼肌持续强直性痉挛和对刺激反应性增高为特征。由破伤风梭菌（是一种厌氧菌）芽孢通过创伤引起发病。伤口小而深，感染伤口发生坏死，及创口被泥土、粪便、痂皮封盖，利于该病菌生长繁殖，产生毒素而引起发病。多见于羔羊，常因断脐、断尾、分娩及施行阉割手术后消毒不严、处理不当及术后创口感染了破伤风梭菌等原因所致。幼龄羊感受性更高。本病无明显季节性，多呈散发性。

1. 症状

本病潜伏期为5～20日，最长可达60日，最短1日。羊患破伤风后病初表现症状：精神不振，采食、反刍减少，瘤胃动得又弱又慢，背毛粗乱无光泽，行走时四肢不灵活。随病势发展，病羊易受惊，头颈伸直，耳立尾直全身发抖。腰背弓起，腹部蜷缩，瞬膜外露，牙关紧闭，流涎吐沫，食料和灌药都非常困难，腰肌和四肢肌肉僵硬，运动很不灵活，走路困难似木偶，站立时不能自由卧下，卧下后不能起立。严重时瞬膜把整个眼球完全遮住，眼睛转动不灵活；肋骨向外突出，鼻孔张大，牙关紧闭，嘴张不开，流出多量涎沫，饮食吞咽困难，甚至不能采食，反刍停止；体温上升，呼吸浅快，心跳急速。患羊对外界刺激感受性增高，并有神经症状，遇到障碍物时毫不躲避，直到撞到障碍物时为止。病后期肌肉痉挛强拘，全身更显僵硬，角弓反张明显，常伴有腹泻，最后因窒息而死亡，病死率很高。

2. 诊断

根据临床特有症状，结合羊创伤史及发病原因即可诊断。对于轻症病例可采用细菌学检查法。鉴别诊断时应该注意区别急性肌肉风湿、脑膜炎和狂犬病。确诊可采用细菌学检查法。

3. 防治方法

（1）预防与护理　加强管理和做好畜舍环境卫生

工作，防止外伤感染。外伤口均要严格消毒，并合理处理创伤，24 小时以内紧急注射破伤风抗血清1万～3 万国际单位，其免疫作用可维持 2 周。为了防止外伤口被破伤风梭菌感染，尽可能给羊每年定期接种精制破伤风毒素，皮下注射 1 毫升（幼龄羊减半）。注射后 3 周产生免疫力，免疫期 1 年。

护理工作也是防治破伤风的一个重要环节。要做好病羊静、养、防、蹓 4 个方面的工作。具体说就是要防止外界刺激，为了避光线刺激和音响的骚扰应把病羊安置在黑暗舍内；为了使其不受风寒应将病羊身上覆麻袋，同时少量喂给硬饲料如豆类等，使病羊不住咀嚼，可缓和牙关紧闭症状，若不食，可人工喂稀粥或其他易消化的饲料。对恢复期病羊应每日定时牵蹓，对不能运动的病羊，每日可用草把摩擦其四肢，并人工反复屈伸其关节，以增加肌肉运动，促进血液循环。

（2）治疗　本病早起治疗有效，故发现本病就要及时治疗，越早治疗效果越好，病后期治疗困难。治疗病羊时先将其隔离于背风、黑暗、安静、洁净、干燥的单独饲养室内静养就诊，加强护理，地上垫干草，并用麻袋覆盖于病羊背部以保温防风；人工喂给营养饲料，保证足够的饮水；发现伤口及时处理，缓解肌肉痉挛和毒素作用。治疗时采用中西医结合疗法。

① 验方 取 7 只蜘蛛，7 枚大枣，枣去核，内夹一个蜘蛛，用微火炒干，研成细末，用黄酒 50 毫升将粉末调成粥状灌服，5～6 次，具有一定疗效。

② 伤口处理 先用清创和扩创术切除或刮除腐败坏死组织，然后用 3％双氧水或 1％高锰酸钾溶液消毒，再在创口处撒布碘仿硼酸合剂或用烙铁，并用大剂量青霉素、链霉素在创口周围分 3～4 点注射，以消除感染减少毒素的产生。

③ 中和毒素 当日用破伤风抗毒素每次 20 万～30 万国际单位混于 5％葡萄糖溶液中静脉注射，以后每日皮下注射 10 万国际单位，每日 1 次，连用 3～6 次。

④ 中草药疗法 用甘草 50 克、蝉蜕 30 克、防风 15 克、荆芥 10 克、大黄 20 克、钓藤 15 克、木通 10 克、黄芪 15 克、川芎 15 克，水煎候温内服，每日 1 剂，连用 3～6 日。早期有效。严重病例用天麻散加减：天麻 15 克、黑附子 10 克、天南星 10 克、乌蛇 15 克、羌活 15 克、防风 10 克、

荆芥 10 克、川芎 15 克、薄荷 15 克、半夏 10 克，水煎灌服。

⑤ 西药疗法　根据病情采用对症疗法。如强烈兴奋和强直性痉挛使用镇静解痉挛药物，用 25％硫酸镁溶液 30～40 毫升加 0.5％普鲁卡因注射液 10～20 毫升肌内注射或缓慢静脉注射，或用氯丙嗪 30～50 毫克 1 次深部肌内注射，每日 2 次，或用 10％水合氯醛 10～20 克与淀粉浆 250 毫升混合后灌肠。继发感染患羊体温高时，用青霉素 80 万～120 万国际单位肌内注射，每日 2～3 次，连注数日，或用 10％磺胺嘧啶钠注射液每次 10～20 毫升，肌内或静脉注射，每日 2～3 次连注数日。心脏衰弱时用 10％安钠咖注射液 10～20 毫升皮下注射。出现酸中毒症状时，用 5％碳酸氢钠溶液 100～150 毫升，静脉注射。牙关紧闭、开口困难时用 1％普鲁卡因注射液 10 毫升或 0.1％肾上腺素 0.5～1 毫升混合于 5％碳酸氢钠溶液注入咬肌，或开口锁口穴位注射，每日注射 1 次，直至开口为止。

（3）针刺穴位（火针）　主穴：百会穴；配穴：开关穴、下关穴、锁口穴。火针风门穴、伏兔穴、百会穴、开关穴。

十九、李氏杆菌病

李氏杆菌病俗称"转圈病"，是由李斯特菌属产单核细胞李氏杆菌引起的家畜、啮齿类动物与人共患的一种散发性传染病。临床症状主要为神经系统紊乱，表现转圈运动，面部麻痹，孕羊流产等症状。患病动物和带菌动物为本病的传染源。病原体从病羊、带菌动物的生殖分泌物、乳汁、精液和排泄物（如粪便、眼鼻和生殖道分泌物）污染饲料、饮水、土壤，可通过动物消化道、呼吸道、眼结膜和皮肤创伤感染。

本病发病季节多在冬季和初春，此时缺乏青饲料，饲养管理条件不好（如羊群拥挤、运动不够、饲料单一、质量低劣）、天气突变、寄生虫及沙门菌感染等，都可成为发病的诱因。

自然发病以绵羊较多，山羊次之，幼畜的易感性较成年动物高，孕畜、特别是妊娠后期的母畜也较敏感。李氏杆菌病为散发性，发病率不算太高，但致死率却很高。

1. 症状

本病自然感染的潜伏期约为2～3周，有的几日，

也有的长达 2 个月。病羊病初体温升高至 40 ～
41.6℃，上升后不久又降至常温，一般 36 ～36.5℃。
病羊精神沉郁，采食减少或停止。该病主要有败血
型、神经型 2 种类型。

（1）败血型　羔羊多发生急性败血症，很快死
亡。病羊表现精神高度沉郁，头低垂一侧或两侧，耳
下垂，食欲减退或废食。

（2）神经型　较大的羊多呈脑膜炎或脑脊髓炎症
状。病羊突然头颈一侧性麻痹，弯向对侧，有些羊无
目的地乱窜乱撞，叫声尖厉，运动步伐异常；有的出
现神经症状，转圈运动，战栗，遇到障碍物时则以头
抵靠不动，躺地后颈项强直，头颈肌肉发生痉挛性收
缩时呈角弓反张，四肢呈游泳状等兴奋现象，四肢僵
硬，病后卧地不起，神志昏迷；有的羊表现为头颈及
前肢强直，出现颜面神经、咬肌和咽麻痹。病程 2 ～
3 日或更长，一般 3 ～7 日死亡，其死亡率随年龄的
增长而降低。妊娠母羊流产，多发生于妊娠后期；特
别是妊娠最后 2 个月的初胎羊，流产前并无特征性症
状，流产后多数母羊能逐渐好转而最后痊愈；少数流
产母羊发生胎衣滞留，并伴发子宫炎。

2. 剖检

有神经症状的病羊尸体剖检，可见脑膜和脑有充血、水肿和出血变化，脑脊髓液增多而不透明，含有较多的炎性细胞。脑干变软，有小脓灶，血管周围有以多核细胞为主的细胞浸润。表现败血症的羔羊，肝有坏死灶。流产的母羊可见子宫内膜充血和坏死，胎盘子叶常见发炎、水肿、出血、坏死。

3. 诊断

本病由于临床症状的多样性而不易诊断。若病羊出现特征性神经症状、孕羊流产、血液中单核细胞增多，可疑为本病。确诊必须从病羊采取病料，进行细菌分离培养、鉴定和血清学试验（凝集试验和补体结合反应）。确诊时应注意与表现神经症状的其他疾病如脑包虫病、伪狂犬病、脑炎进行鉴别。

4. 防治方法

（1）预防　平时加强饲料管理和兽医卫生防疫，定期驱除外寄生虫，消灭啮齿动物。不从疫区引进羊，必须引进的羊只应该实施隔离检疫。对于常发地区，应定期进行疫苗接种，但目前尚无满意的菌株疫苗接种绵羊进行预防。发现病羊应及时隔离治疗，其圈舍和用具用2%克辽林、或3%漂白粉、或10%石灰乳或2%火碱进行消毒。对病死羊要深埋或烧毁处理，防止人畜感染此病。

（2）治疗　病初用大剂量磺胺类药物，如用磺胺甲基嘧啶，按每千克体重5～10毫升肌内注射，1日2～3次，连用3日；或青霉素第1次用120万国际单位，以后每隔4～6小时用80万国际单位，肌内注射；用庆大霉素按每千克体重1000～1500国际单位肌内注射。还可以选用链霉素、金霉素、四环素、土霉素、红霉素治疗，连用数日。如早期以磺胺类药物或与抗生素并用有良好疗效。但用药物对急剧病程疗效不佳。此外，病羊出现神经症状时，采用盐酸氯丙嗪治疗，按每千克体重1～3毫克，有镇静作用。

二十、布氏杆菌病

布氏杆菌病又称传染性流产。羊布氏杆菌病主要是由布氏杆菌属羊布氏杆菌引起的一种人畜共患的慢性传染病，以生殖器官和胎膜发炎、母畜发病流产、胎衣不下、子宫炎、乳房炎、关节炎、支气管炎、公羊的睾丸炎等为特征。在家畜中牛、羊、猪最常发生，一般情况下母羊较公羊易感性高，成年家畜较幼畜易感性高，主要是通过母畜阴道的分泌物和公畜精液排出，主要传染源是病羊和带菌羊。由于布氏杆菌主要存在于子宫、胎膜、乳腺、睾丸、关节囊等处，随胎水、胎衣、子宫、阴道分泌物及乳汁等排于体外。可通过污染的饲料和饮水经消化道感染，经配种而感染，经蜱的叮咬通过皮肤黏膜侵入感染，还可通过结膜感染、吸血昆虫传播感染。产羔季节或羊群大批发生流产时，是本病传播高峰时期。

1. 症状

布氏杆菌的潜伏期长短不一，短者 2 周，长者可达半年；大多数病例呈隐性感染，无明显症状。少数病羊出现典型症状，早期症状有的呈结膜炎，体温短暂上升或体温正常，妊娠母羊多见妊娠 3～4 个月发生流产，阴道常流出黏红色分泌物，出现精神沉郁，不安神，流产前母羊食欲减退、口渴。阴唇、阴道和乳房肿胀，阴道流出黄色黏液；流产、产出死胎或弱胎；流产后四肢麻痹及跛行，很少发生死亡，一般经 8～10 日也可以自愈，但排菌时间较长，需经 1 个月方可停止，这个时期羊群中仍有布氏杆菌病源，存在传染性。一部分羊只被感染成为不表现临床症状的带菌者，公羊除发生关节炎外，有时发生睾丸炎，呈一侧或两侧性睾丸肿胀，阴囊增厚硬化，后期睾丸萎缩，性机能降低，甚至失去配种能力。

2. 剖检

公羊睾丸和副睾、生殖器官可能有炎性坏死灶和化脓灶，精囊内出现出血点和坏死灶。母羊子宫等处脓肿。流产胎衣呈黄色胶冻样浸润，有些部位覆有纤维蛋白絮片和脓液，有的因水肿而增厚，同时杂有出血点。绒毛叶部分或全部贫血呈苍白黄色，或覆有灰色或黄绿色纤维蛋白，或覆有脓液絮片或脂肪状溢出物。淋巴结、脾脏和肝脏有不同程度肿胀，有的散布有炎性坏死灶。流产胎儿主要为败血症病变。

3. 诊断

根据流行病学和流产症状，母羊流产胎儿、胎衣的病理变化，胎衣留滞和不育等可做本病的初步诊断。本病的确诊需要进行实验室的细菌学和免疫生物学诊断。诊断时应与发生相同症状的疾病（如钩端螺旋体病、乙型脑炎、脱毛滴虫病）和衣原体病、弓形体病及其他可能发生流产的疾病相鉴别。

4. 防治方法

（1）预防　在引进种羊时要严格进行检疫，要将引进的羊隔离饲养 2 个月，证明无布氏杆菌病时才可以与原有羊群接触。对羊群每年至少进行 1 次检疫。一旦发现病羊，应立即隔离并加强护理，给以适当治疗，以防流行。对价值不大的病羊可以屠宰淘汰，就地扑灭。肉经煮熟或高温处理可以食用。生殖器官、乳房、流产胎儿、胎衣、羊水及阴道分泌物应深埋处理，粪便进行发酵处理。被污染的场地和用具用 10%～20%石灰乳、2%氢氧化钠溶液、2%～5%来苏儿消毒，以防止传播。坚持自繁自养，不从疫区引进种苗、畜产品及饲料。定期进行免疫接种，可用布氏杆菌羊型 5 号弱毒活菌苗（M5 菌苗）进行免疫接种。每年定期免疫 1 次。

（2）治疗 病羊一般价值不大者不予治疗，以淘汰屠宰为宜。有价值的良种病羊可采用以下疗法。

① 中草药疗法 热毒壅盛型子宫内膜炎用益母散：益母草 25 克、当归 10 克、川芎 10 克、白芍 10 克、熟地 10 克、白术 10 克、黄芩 15 克、金银花 10 克、连翘 10 克，共研末，开水冲调，低温灌服。

② 西药疗法 母羊流产伴发子宫内膜炎，可用 2%高锰酸钾溶液冲洗阴道和子宫，每日 1～2 次，直到无分泌物排出为止。还可用链霉素肌内注射，按每

千克体重 10 毫克, 每日 2 次, 或四环素肌内注射,
每日每千克体重 5～10 毫克, 每日 2 次, 连用 3～
5 日。

二十一、绵羊肺腺肿瘤病

绵羊肺腺肿瘤病又称绵羊肺瘤, 或称绵羊驱赶
病。它是由绵羊肺腺瘤病毒引起的一种成年绵羊接触
性肿瘤性慢性传染病。本病以潜伏期长、肺泡和支气
管上皮进行性肿瘤增生引起呼吸困难、咳嗽、流鼻
涕、消瘦为主要特征。病羊能通过咳嗽、喘气将有感
染性的病毒排至空气中, 附近的易感绵羊通过呼吸系
统吸入悬滴而感染。天气寒冷或冬季使病羊病情加
重, 羊群拥挤尤其在密闭的羊圈里, 有利于病毒的传
播。各种品种和年龄的绵羊均能发病, 但由于本病潜
伏期长, 仅成年绵羊特别是 3～5 岁的羊表现临床症
状, 2 岁以内羊很少有症状。除绵羊以外, 山羊也可
发生。

1. 症状

本病潜伏期长达 6～9 个月, 最长达 2 年。病初
期病羊掉群, 经剧烈运动或长期驱赶而呼吸过度加

快，病后期呼吸快而浅表，故又称"驱赶病"。由于病羊呼吸困难加剧，为了吸进氧气，头颈伸直，鼻孔扩张，湿性咳嗽，按其头时，鼻孔流出稀薄的分泌物。听诊和叩诊可发现湿罗音和肺实变区，尤其是肺的腹面更明显。一般体温不高，病后期病羊消瘦但仍保持站立姿势，贫血、衰竭，由于躺卧呼吸更加困难。寒冷的冬季病情加重，冬季寒冷容易使绵羊感染细菌性肺炎，死亡率增加，且易继发生细菌感染，引起化脓性肺炎，病程一般经数周到数年。死亡率高达 100％。

2. 剖检

病死羊体剖检，病变主要在肺脏和小支气管上皮细胞性的腺瘤增生，这是此病的一个特征性变化。剖检肺泡，肺尖叶、心叶、隔叶前缘等部位可见弥散性小结节，质地坚硬。肺的前部和腹侧是病变常见部位。其次为局部淋巴结（如细支气管周围淋巴结）显著肿胀，形成大的硬块。病后期肺切面有水肿液流出。

3. 诊断

根据本病典型症状和剖检病变，肺泡和支气管上皮呈现细胞性的腺瘤增生，引起呼吸困难，兼有咳嗽和流鼻液、消瘦，即可做初步诊断。确诊需要实验室检验，采集肺腺瘤的组织病变。此外，还可以采血做琼脂扩散试验和补体结合试验，以及用中和试验、直接荧光抗体试验、酶联免疫吸附试验等进行检验。从感染组织可分离出病毒，诊断时需要与梅迪-维斯纳病、蠕虫性肺炎、巴氏杆菌病等类症相鉴别。

4. 防治方法

本病目前尚无疫苗和有效疗法防治，需要在平时加强防疫和控制措施。严禁从疫区购羊，补充羊只要加强进出口检疫和消毒等工作。羊群一旦出现有临床症状的病羊应及时隔离、消毒，病毒在羊群中很难消除，需要隔离消毒并全群屠宰淘汰。对病羊圈栏、用具等用2％氢氧化钠溶液等消毒，以消除病原。

二十二、口蹄疫

口蹄疫俗名"口疮"、"辟癀"，是由口蹄疫病毒引起的牛、羊等偶蹄目动物的一种人畜共患的急性、热性、高度接触性传染病。其临床特征是口腔黏膜、蹄部和乳房皮肤发生水疱和溃疡。口蹄疫病毒属于微

RNA病毒科中的口蹄疫病毒属，在病羊水疱皮内及其淋巴液中含毒量最高。在水疱发展过程中，病毒进入血液，分布到全身各种组织和体液。水疱液、水疱皮、奶、尿、唾液、粪便等含毒量高，富有传染性。在发热期，血液中口蹄疫病毒的含量最高。病羊在症状出现前开始排出大量病毒，发病时期排出病毒最多。病毒随水疱液、水疱皮内分泌物和排泄物同时排出。本病主要是通过直接或间接与病毒接触所致，病羊和带病毒动物为主要传染源，主要通过健康羊与病羊接触，或通过病毒污染的饲料、水等，使羊消化道感染发病。口蹄疫病毒具有较强的环境适应性，耐低温，不怕干燥。该病毒对酚类、酒精、氯仿等不敏感，但对日光、高温、酸碱的敏感性很强。常用的消毒剂有1%～2%的氢氧化钠溶液、30%的热草木灰、1%～2%的甲醛溶液、0.2%～0.5%的过氧乙酸溶液、4%的碳酸氢钠溶液等。

该病主要侵害偶蹄目动物，如牛、羊、猪、鹿、骆驼等，其中以猪、牛最为易感；其次是绵羊、山羊和骆驼等。人也可感染此病。病羊和带毒动物是该病的主要传染源，痊愈家畜可带毒4～12个月。病毒在带毒畜体内可产生抗原变异，产生新的亚型。本病主要靠直接和间接接触性传播，消化道和呼吸道传染是主要传播途径，也可通过眼结膜、鼻黏膜、乳头及伤口感染。空气传播对本病的快速大面积流行起着十分重要的作用，常可随风散播到50～100千米外发病，故有"顺风传播"之说。

1. 症状

羊感染口蹄疫病毒后一般经过1～7日的潜伏期后出现症状。病羊体温升高，初期体温可达40～41℃，精神沉郁，食欲减退或拒食，脉搏和呼吸加快。口腔、蹄、乳房等部位出现水疱、溃疡和糜烂。严重病例可在咽喉、气管、前胃等黏膜上发生圆形烂斑和溃疡，上盖黑棕色痂块。绵羊蹄部症状明显，口黏膜变化较轻。山羊症状多见于口腔，呈弥漫性口黏膜炎，水疱见于硬腭和舌面，蹄部病变较轻。病羊水疱破溃后，体温即明显下降，症状逐渐好转。

2. 剖检

病死羊剖检除见口腔、蹄部和乳房等出现水疱、烂斑外，严重病例咽喉、气管、支气管和胃黏膜有时可见水疱或圆形烂斑和溃疡。胃和肠黏膜可见出血性炎症。心包膜有弥散性及点状出血，心包腔内积有浑浊而黏稠的液体。心肌松软，心肌切面呈灰白色或淡黄色斑点或条纹，称为"虎斑心"。

3. 诊断

根据本病急性经过呈流行性传播及主要侵害偶蹄目动物和临床症状，一般良性转归以及病羊口腔黏膜和鼻、蹄、乳头等部位皮肤出现水疱和烂斑，剖检见心肌病变，心包膜有弥散性及点状出血，心肌切面呈"虎斑心"状，可做初步诊断。确诊采取新鲜的水疱皮或水疱液进行实验室检查做病毒分离鉴定，做蚀斑试验或血清学试验。与类似疾病鉴别及鉴定病毒型，需进行实验室检查。

4. 防治方法

（1）预防　平时应该加强饲养管理，羊舍应保持通风，垫草干燥，多给饮水。在疫区应严格监视疫情，不可在疫区引进偶蹄目动物（猪、牛、羊等）。平时应加强检疫和疫情监测，发现患口蹄疫病羊要坚决隔离、封锁，销毁一切带毒家畜、畜产品（如羊奶制品等），以及畜粪、剩余饲料、垫草。病羊栏舍和用具等可选用1%福尔马林溶液、1%～2%氢氧化钠溶液或2%碱水、新鲜石灰水消毒。在疫区内，对未发病的羊群进行疫苗紧急预防注射，同时需对粪便进行清扫堆集发酵处理。应立即用与当地流行的相同病毒类型、亚型弱毒疫苗或灭活苗对疫区及其附近的健康羊和其他偶蹄目动物进行紧急预防注射，立即封锁疫区遏止家畜发病，也就减少了向人群传播的概率。一旦发生畜类口蹄疫，对于死羊或病羊的肉不得出售，应深埋处理，以防止疫情扩散。

（2）治疗　目前对该病尚无特效的治疗方法。病羊一般经过 10～14 日自愈。为了促使病羊早日痊愈，缩短病程，特别防止继发感染，除隔离外，试用以下疗法对症治疗。

① 中草药疗法　先用食醋或 1％～2％明矾水清洗患处，然后用青黛、明矾、黄连、地榆、冰片、黄柏、儿茶等混合研成细末散布于患处。口腔溃疡用黄柏、青黛、诃子各 25 克，共研细末加蜂蜜适量装白布清洁袋内衔在病羊口内有特效。严重病例用贯众 10 克、甘草 10 克、木通 10 克、桔梗 12 克、赤芍 10 克、生地 7 克、花粉 10 克、荆芥 12 克、连翘 12 克、大黄 12 克、丹皮 10 克，共研末加蜂蜜为引，开水冲温服。

② 西药疗法　对患羊口腔、鼻部用 0.1％的高锰

酸钾溶液洗患部，糜烂面涂以碘甘油（碘甘油的配法：碘片 7 克、碘化钾 5 克、酒精 100 毫升），或撒布冰硼散（冰硼散配制方法：冰片 15 克、硼砂 150克，芒硝 18 克共研细末），或 2％硼酸溶液冲洗患部。蹄部可用 0.1％高锰酸钾或 3％煤酚皂溶液冲洗干净。擦干后，涂松馏油或鱼石脂软膏等，再用绷带包扎。乳房病变可用肥皂水或 2％～3％硼酸水清洗，然后可涂 1％紫药水或青霉素软膏等消炎。采取以上办法，能较快治愈。为了控制细菌感染，可肌内注射青霉素等抗菌药物，1 日 1 次，连续 3～5 次。对恶性口蹄疫除局部治疗外，还可应用安钠咖和葡萄糖溶液等药物治疗。

二十三、蓝舌病

蓝舌病俗称"羊瘟"。该病是病原属于呼肠孤病毒科环状病毒属的蓝舌病病毒引起的一种病毒性传染病。本病的主要特征为发热、消瘦，口鼻和胃黏膜发生严重卡他性炎症或溃疡性炎症变化，因病羊舌呈蓝紫色而得名。该病毒存在于病羊感染血液和各种脏器中，多存在于绵羊的肾细胞、羔羊的睾丸、脏器中，也可能在康复的畜体内存在 4 个月之久。病羊和病后

带病毒动物是本病的主要传染源，该病毒也可以通过
胎盘感染胎儿。本病主要由伊蚊和库蠓等昆虫为传染
媒介，病毒在昆虫体内经过 10 日左右的潜伏期并定
位唾液腺，当其再吸健康羊的血液时，病毒随唾液进
入健康羊体内，绵羊易感，不分品种、性别、年龄，
以 1 岁左右绵羊最易感染，吃乳的羔羊有一定的抵抗
力。山羊和牛等反刍动物也可患本病。本病的发生具
有严格的季节性，多发于湿热的夏季和早秋，低洼池
塘、河流多为媒介昆虫库蠓大量滋生活动的地区。

1. 症状

本病的潜伏期为 3～8 日，临床上最常见的是急
性型。病初体温高达 40.5～41.5℃，稽留 5～6 日。
病羊表现精神沉郁，掉群，喜卧，厌食，流涎，口唇
水肿，可延伸至面部和耳部，甚至颈部和腹部。口腔
黏膜先充血后发绀，呈青紫色瘀斑，呼吸和心跳加
快。发热几天以后，口腔连同唇、齿龈、颊、舌黏膜
糜烂，致使吞咽困难。随着病情的发展，在溃疡损伤
部渗出血液，唾液呈红色，有继发感染则出现口腔发
臭。鼻流黏性分泌物，鼻孔周围结痂，引起呼吸困难
和鼾声。有时蹄冠、蹄叶发生炎症，触之敏感，呈不

同程度的跛行，甚至卧地不起。病羊消瘦，全身衰弱，便秘或腹泻。在病后期有时下痢带血，病程一般为 6～14 日，有的病羊由于并发症（肺炎、胃肠炎），最终死亡。患病不死的经 10～15 日痊愈。亚急性型病例表现为显著消瘦、虚弱，头颈强直，康复不全者影响羊毛和肉品产量，膘度在良好饲养条件下常需几周至几个月才能恢复正常。有些病羊痊愈后，出现脱毛现象。妊娠 4～8 周的母羊感染时，其分娩的羔羊中约 20% 有发育缺陷，长期发育不良。死亡胎儿畸形。山羊遭受感染时发生症状与绵羊相似，但一般病情比较轻微。

2. 剖检

尸体剖检病变主要见于口腔、瘤胃、心脏、肌肉、皮肤和蹄部。口腔出现糜烂和深红色区，舌、齿龈、硬腭、颊黏膜和唇水肿；瘤胃有暗红色区，表面有空泡变性和坏死；真皮充血、出血和水肿；肌肉出血，肌纤维变性，有时肌间有浆液和胶冻样浸润；呼吸道、消化道和尿道黏膜及心肌、心内外均有小出血点。严重病例，消化道黏膜有坏死和溃疡，脾脏肿大。肾和淋巴结轻度发炎和水肿，有时见蹄叶发炎。

3. 诊断

根据典型症状和病变可以做临床诊断。为了确诊可采取病料进行人工感染或通过鸡胚或乳鼠和乳仓鼠分离病毒，也可进行血清学试验。血清学试验中，琼脂扩散试验、补体结合试验、免疫荧光抗体试验具有群特异性，可用于病的定性试验；中和试验具有型特异性，可用来区别蓝舌病病毒的血清型，也可采用DNA探针技术。诊断时注意牛、羊蓝舌病与口蹄疫、牛病毒性腹泻（黏膜病）、恶性卡他热、牛传染性鼻气管炎、水疱性口炎、茨城病、牛瘟等有相似之处，应注意鉴别。

4. 防治方法

（1）预防　蓝舌病病毒的多型性和在不同血清型之间无交互免疫性的特点，使免疫接种产生一定的困难。如需免疫接种，应先确定当地流行的病毒血清型，选用相应血清型的疫苗，才能获得满意的免疫效果。弱毒疫苗接种后可引起不同程度的病毒血症，同时对胎儿有影响，导致母羊流产，预防时应加以注意。

严禁从有本病的国家、地区引进羊只；加强冷冻精液的管理，严禁用带毒精液进行人工授精；放牧时选用高地放牧，不在野外低湿地过夜，以减少感染机会；定期进行药浴、驱虫，控制和消灭本病的媒介昆虫；在新发生地区可进行紧急预防接种，并淘汰全部病羊。

（2）治疗　目前无有效药物。对疑似的病羊加强护理，避免烈日、风吹、雨淋，给予易消化饲料。用消毒剂对患部进行冲洗，发生继发感染时，可选用磺胺类药物或抗生素治疗。

二十四、羊放线菌病

羊放线菌病是一种慢性传染病，病原主要是牛放线菌和林氏放线杆菌，多为散发性，很少呈流行性，一般不会造成羊急性死亡，主要引起羊颜面、下颌、乳房出现肿块，进而化脓、溃烂，羊食欲下降，皮张、羊毛损坏，生长速度减慢，经济效益差。

1. 症状

（1）初期颌骨有界限性的不能移动的肿胀，触摸时有痛感。有时肿胀增大迅速，1～2月内有可能蔓延至面骨的大部分。口腔内的硬腭肿大。如果鼻骨肿大，可能发生吸气困难，饮食艰难。凡骨肿胀迅速的，短期内身体即变消瘦。

（2）病部骨头常逐渐发生稀疏性骨炎，皮肤附着于骨骼，表面常有瘘管及肉芽性肿胀，从瘘管及脓肿流出浓厚的干酪样脓液，为灰黄色或白色。肿胀生长的速度很不一致，有些病例骨炎常恶化，在短期内可使骨质毁坏；有的肿胀却停止在某一阶段，甚至完全停止发展。此后瘘管与肉芽愈合，但数月以后仍有复发的可能。

2. 剖检

病羊非常消瘦。病害常限于头部，内脏没多大变化，嘴唇肿大、坚硬、瘘管有脓液流出，部分带有干脓或脓痂。颌下淋巴结增大。

3. 诊断

由实验室做镜检确定。与此病相似的疾病有放线杆菌病、口疮、干酪样淋巴结炎、结核病以及普通化脓菌所引起的脓肿等，在临床上应注意进行区别诊断。一般而言，放线菌病主要危害骨组织，放线杆菌病则只侵害软组织。与口疮的区别是，本病为结节状或大疙瘩，而口疮形成红疹和脓疱，累积一层厚的痂块。干酪样淋巴结炎最常发生于肩前淋巴结和股前淋巴结，而且脓肿的性状与放线杆菌病完全不同。结核病很少发生于头部，而且结节较小。普通脓肿一般硬度较小，脓液很少为绿黄色。

4. 防治方法

（1）预防　防止粗硬饲料损伤口腔黏膜，可将秸秆、谷糠或其他粗饲料浸软后再喂；注意饲料及饮水卫生，避免到低湿地区放牧。

（2）治疗

① 西药疗法　青霉素为首选药。用量和疗程依每只羊的病情轻重而定。每日静脉注射 100 万～200 万国际单位。在清除病灶、引流或切开排脓前 2～3 日开始用药，术后再用药 3～4 日，为促进青霉素渗入病灶处，可加用 10％碘化钾溶液 10～20 毫升灌服，每日 1～2 次。患部可以用碘酊涂抹，也可以用 2 克碘化钾溶于 1 毫升蒸馏水中再和 5％的碘酊混合，1 次注射于患部。为加强青霉素的疗效，亦可与磺胺类药物并用，磺胺类药物每日 1～2 克灌服。当青霉素无效时，可选用红霉素、四环素、林可霉素、头孢菌素和利福平等广谱抗菌药物。

② **手术疗法** 对于脓肿小的病羊采用封闭疗法，用青霉素 240 万国际单位、链霉素 200 万国际单位、0.5％普鲁卡因注射液 5 毫升，分 3～5 个点在脓肿周围分点注射，每日 2 次，连用 4 日。对于脓肿大的病羊，先在患部涂擦鱼石脂软膏，以促进脓肿的早期成熟；2 日后采用外科手术疗法，在脓肿部的最低位置处横向切开 1.5～2 厘米的开口，然后挤压脓肿壁将脓汁挤出，之后用灭菌生理盐水反复冲洗，最后用碘酊纱布填塞创口。注意创口外留有 2 厘米左右的纱布，以便于脓汁的流出。每日更换 1 次纱布，并且在创口周围注射 10％碘仿醚或 2％卢戈氏液，防止引起感染扩散。对于严重、泛发感染的病羊，可考虑淘汰。治疗期间，应注意补充营养和加强对伤口的护理，防止感染。在抗生素广泛应用后，放线菌病的预后一般较好。

二十五、羊传染性角膜结膜炎（红眼病）

羊传染性角膜结膜炎，俗称"红眼病"，主要是由摩拉菌属的多种病原菌引起的一种急性、地方流行性传染病，其特征是眼角膜和结膜发生明显的炎症，大量流泪，后出现角膜混浊或呈乳白色。若治疗不当或失治，往往导致失明。病菌可存在于感染动物的眼、鼻分泌物中数月，患病动物和带菌动物是主要传染源。同种动物可通过直接接触，如头部摩擦、打喷嚏、咳嗽等方式传染本病。蝇类和某些飞蛾也传染病原体。本病各品种、性别、年龄的羊均可感染，但幼龄羊、良种奶山羊发病较多。主要发生于炎热的夏季和湿度较高的秋季。本病传染性强、传染迅速，但致死率低，多呈地方性流行或流行性。刮风扬尘等因素可促进本病的发生。

1. 症状

本病潜伏期一般为3～7日，多数病例起初为一侧眼患病，后为双眼感染。病期患眼羞明、流泪、眼睑肿胀、疼痛，而后角膜凸起，角膜周围血管充血、肿胀，结膜和瞬膜红肿，或在角膜上出现白色或灰色小点。严重者角膜增厚并发生溃疡，形成瘢痕或角膜翳。全眼组织侵害时，眼前房积脓或角膜破裂，晶状体可能脱落，往往导致永久性失明。一般病程20～30日，病羊一般无全身症状，但眼球化脓时可能伴有体温升高，精神沉郁，食欲减退和母羊泌乳量减少等症状。多数病例可能痊愈。

2. 剖检

可见结膜水肿充血，角膜增厚、凹陷或隆起，呈白斑状或白色浑浊，有时可见角膜翳或溃疡。全眼球组织受到侵害时，眼前房积脓或角膜破裂，晶状体可能脱落。结膜固有层纤维组织明显充血、水肿或炎性细胞浸润，纤维组织疏松，呈海绵状。上皮变性、坏死或不同程度地脱落。角膜有明显炎症，结膜组织含多量淋巴细胞及浆细胞。角膜组织变化表现为上皮增生，固有层弥漫性玻璃样变性。

3. 诊断

根据病羊眼的临床症状、流行季节和传播迅速可做初步诊断。确诊需要做细菌学检查，在发病初用无菌棉拭子采集结膜囊内的分泌物、鼻液作为病料，置脑心浸液肉汤中立即送检，制作病料涂片染色镜检或应用荧光抗体技术确诊。

4. 防治方法

（1）预防　引进羊种时要严格检疫，隔离观察，证明无病后方可入群，加强饲养管理，发现本病立即对病羊隔离、治疗。彻底清除粪便，并做无害化处理；对栏舍、饲具进行消毒，消灭蚊蝇等害虫；对患羊采取舍饲喂养，以防因视力减退而发生意外事故，避免强烈阳光直射，以利患眼康复。

（2）治疗

① 验方 鲜千里光 20 克，水煎待冷，用毛巾粘敷眼睛，每日 3 次，连用 3～5 日，大多数能缓解，甚至痊愈。治疗急性结膜炎，同时内服干千里光 20 克，野菊花 20 克，密蒙花 10 克，水煎服，每日 1 剂喂饲后温服。若是 5 日后没有缓解，改用其他方法。

② 中草药疗法 用中药硼砂 6 克、白矾 6 克、荆芥 6 克、防风 6 克、郁金 3 克，水煎后去渣温洗病眼；然后用硼砂、硇砂、朱砂等份研成细末吹入病眼内。结合中药治疗以"清肝明目、退翳消瘀"为治疗原则，药用：柴胡、石决明、赤芍、防风、蝉蜕、茺蔚子各 18 克，青葙子、香附、谷精草、菊花各 12 克，以灯芯草为引，水煎灌服，每日 1 剂，连用 3～7 日。当角膜出现云翳时，宜用中药方剂龙胆泻肝汤加菊花和白蒺藜煮水灌服，每剂供 4 只大羊服用，中小羊每剂 6 只，每日 1 剂，连用 3～4 日。

③ 西药疗法 用 3％～5％硼酸水冲洗患眼，拭

干后涂红霉素眼膏，每日 3 次；角膜混沌时，涂1‰～2‰黄降汞软膏，每日 3 次。严重病例用青霉素50 万国际单位和 2 支清开灵注射液肌内注射，金霉素眼药水滴眼，每日早晚两次。

第四章
羊寄生虫病防治

羊的内寄生虫比较常见，特别是低洼潮湿的地区更易患寄生虫病。一般有前后盘吸虫病、双腔吸虫病、肝片吸虫病、日本血吸虫病、脑多头蚴病、绦虫病、仰口线虫病（羊钩虫病）、肺线虫病、羊脑脊髓丝虫病、羊捻转胃虫病（捻转血矛线虫病）、羊梨形虫病、吸吮线虫病（眼虫病）、羊球虫病、弓形体病、羊鼻蝇蛆病、羊疥螨病、硬蜱病、羊毛虱病。这些寄生虫病对羊的危害很大，用药物防治时，对患有较重急性传染病、其他严重疾病、体质极度虚弱的羊只及妊娠6个月以上的母羊应暂缓治疗。

一、前后盘吸虫病

前后盘吸虫又叫双口吸虫，前后盘吸虫病是由前后盘科的各属吸虫寄生于绵羊瘤胃和网胃壁上引起的一种急性寄生虫病，前后盘吸虫种类很多，其代表是鹿前后盘吸虫和长菲策吸虫。虫体大小、形态和颜色随种类不同而不同,小的仅有 4～8 毫米,大的达 10～20 毫米。共同特点是有两个吸盘,口吸盘在虫体前端,另一吸盘较大,位于虫体后端。在我国常见的长菲策吸虫成虫在羊瘤胃壁和网胃壁上寄生,幼虫阶段危害严重,成虫在羊瘤胃中产卵,随粪便排出体外,在外界发育成毛蚴,钻入淡水螺蛳体内发育成前后盘吸虫,其生活史与肝片吸虫基本相似,附着于水草上形成囊蚴,羊食草和饮水时吞入囊蚴而感染。囊蚴变成童虫先到真胃、小肠黏膜下寄生 3～8 周,而后返回到瘤胃中发育为成虫,成虫在胃瘤中寄生,很少发病,但如童虫大量寄生真胃、小肠、胆管时,可引起严重疾病,甚至死亡。该病主要发生于夏季和秋季。

1. 症状

成虫在瘤胃寄生时很少发病,但幼虫大量寄生则可引起患羊发病,症状是消瘦、贫血、顽固性腹泻,粪便常有腥臭味,颌下及身体下垂部水肿,严重时发生溃疡。体温有时升高,病后期食欲减退,精神沉郁,消瘦;颌下、胸腹下部水肿,高度贫血,黏膜苍白,后期极度瘦弱,衰竭而死亡。

2. 剖检

剖检病死羊尸体，消瘦，黏膜苍白，唇和鼻镜上有潜在溃疡，可见腹腔内有红色液体。真胃幽门部、小肠黏膜有卡他性炎症。在瘤胃壁的胃绒毛之间吸附有大量成虫。肠内充腥臭稀粪，胆管、胆囊膨胀，内见有前后盘吸虫的童虫或成虫。

3. 诊断

如果羊在夏秋季大量食水草或在低洼地放牧而出现下痢、贫血、消瘦等症状，可做出初步诊断。确诊本病时，以试验性驱虫或死后剖检发现童虫寄生，病羊生前确诊可用沉淀法或直接涂片法镜检粪便内的虫卵。应注意与肝片吸虫卵加以区别：前后盘吸虫的虫卵为白色，125～156 微米×65～82 微米。虫卵一端有卵盖，卵黄细胞不充满虫卵，两端空隙较大，有时可见内含圆形胚胎细胞。

4. 防治方法

（1）预防　加强饲养管理，不要在洼地放牧、吃水边草，要做好查螺灭螺工作。一般用氨水与茶籽饼浸液洒在浅水草地灭螺，以防感染囊蚴。对羊粪应及时清理，堆积发酵，以杀死虫卵。

（2）治疗

① 中草药驱虫　用贯众煎剂，每日用 9～15 克，1 次灌服，体质差的羊可分为 2 次灌服，间隔 1～2 日。

② 西药驱虫　驱除童虫用硫双二氯酚（别丁），按每千克体重 80～100 毫升，1 次灌服。驱除成虫用氯硝柳胺（灭绦灵），按每千克体重 75～80 毫克剂量，1 次灌服。驱除童虫、成虫用溴羟替苯胺，按每千克体重 65 毫克剂量，制成悬浮液 1 次灌服，体质差的羊分 2 次灌服，间隔 1～2 日。

二、双腔吸虫病

双腔吸虫病是由矛形双腔吸虫和中华歧腔吸虫寄生于羊等多种反刍动物肝脏、胆管和胆囊内所引起的一种吸虫病。

本病有两种病原。一种是矛形双腔吸虫，虫体扁平，薄而透明的柳叶状，雌雄同体，体长 5～15 毫米，宽 1.5～2.5 毫米，腹吸盘大于口吸盘，两个近圆形的睾丸前后或斜列于腹吸盘之后，卵巢在睾丸之后，卵黄腺呈颗粒状，分布于虫体中部两侧，虫体后部是充满虫卵的子宫，虫卵为卵圆形，暗褐色，卵壳厚，不对称，一端有卵盖，卵内含有一个毛蚴；另一种是中华歧腔吸虫，其形态基本与矛形双腔吸虫相似，不同之处是前者两吸盘大小近于相等，腹吸盘前方的体部呈头锥状，其后两侧似肩样突起，虫体较为宽、短，虫卵与矛形双腔吸虫相似。

双腔吸虫成虫在羊的肝胆管和胆囊内产卵，卵随胆汁进入肠腔内，随粪便排至体外。虫卵被螺蛳吞食，卵内的毛蚴孵出，经过胞蚴、子胞蚴阶段，最后产生尾蚴，尾蚴相互黏附成团，从螺体内排出。成团的尾蚴附在植物枝叶或其他物体上，蚂蚁吞食了尾蚴，在其体内变为囊蚴。羊易吞食带囊蚴的蚂蚁而感染。幼虫由十二指肠经胆管开口进入胆管内寄生，经72～85日发育为成虫。一般在夏、秋季感染后，多在冬、春季发病，严重感染时可引起羊的死亡。

1. 症状

病羊的症状可因感染强度不同而有所差异，轻度感染的病羊不呈现临床症状。严重感染大量寄生时可引起胆管炎，病羊表现精神沉郁，行动迟缓，食欲不振，黏膜苍白、黄染，颌下水肿，腹胀，下痢，渐进性消瘦，最后极度衰竭而死亡。

2. 剖检

主要病变为胆管出现卡他性炎症变化和胆管壁肥厚，胆管周围结缔组织增生。肝脏变硬、肿大，胆管扩张显露呈索状。在胆管和胆囊内可见虫体。

3. 诊断

一般可根据流行病学、临床症状、剖检病死羊胆囊、胆管内找出虫体，或对病羊进行粪水洗沉淀法检查出虫卵即可确诊。

4. 防治方法

（1）预防　预防方法与肝片吸虫病相同，应以定期驱虫为主，同时加强饲养管理，消灭中间宿主，加强粪便管理，进行堆积发酵，杀灭虫卵方可预防本病的发生。

（2）治疗　①吡喹酮，按每千克体重60～80毫克剂量，1次灌服；②海涛林，按每千克体重40～50毫克剂量，1次灌服，对双腔吸虫病有特效，已被广泛应用；③丙硫苯咪唑，按每千克体重30～40毫克剂量，1次灌服；④噻苯唑，按每千克体重150毫克剂量，1次灌服。

三、肝片吸虫病

羊肝片吸虫病又称肝蛭病。本病是由吸虫纲片形科属的肝片吸虫和大片吸虫寄生于绵羊、山羊肝脏、胆管内引起的一种寄生虫病。肝片吸虫形似扁平叶状，活虫呈淡红色，体长 20～30 毫米，宽 5～13 毫米，雌雄体成虫在胆管内产卵。卵随胆汁进入消化道并随粪便排至体外，虫卵在适宜条件下，经 10～25 日孵化成毛蚴，在水中游动侵入各种椎实螺体内，经过多次无性生殖发育成许多尾蚴，尾蚴自螺体逸出附水生植物形成囊蚴，当羊吃草或饮水时吞入囊蚴后即被感染。囊蚴在动物体内移行最后到达肝胆管内寄生，经 3～5 个月发育成为成虫。由于肝片吸虫需要螺蛳作中间寄主，而螺蛳多生活于湖泊、沼泽及雨水多的地区，故羊肝片吸虫病在灌溉区和阴湿地区多见。流行于夏、秋季节。

1. 症状

本病的临床表现主要有急性型和慢性型之分。

（1）急性型 病势猛，病羊体温升高，精神委顿，病羊衰弱，容易疲倦。食欲减退或不食，腹胀，腹泻，排黏血液便，随后贫血、黏膜苍白、肝脏发炎，有些病例全身颤抖，3～5 日死亡。常发生在夏季和秋季。

（2）**慢性型**　此类型较多见，主要由成虫寄生在胆管中引起。慢性病羊精神沉郁，被毛粗乱，食欲减退，便秘与下痢交替发生。消瘦、贫血，眼结膜苍白。颌、胸腹下部、眼睑水肿，逐渐恶化最后衰竭而死亡。母羊乳汁稀薄，妊娠羊流产。

2. 剖检

急性型可见急性肝炎和贫血病变；肝肿大、包膜有纤维素沉积；常见暗红色虫道，内有凝固的血液和少量幼虫。腹腔积有血红色液体，有腹膜炎病变。慢性型主要呈现慢性增生性肝炎和胆管炎变化。肝实质萎缩，边缘钝圆、褪色变硬；胆管肥厚，胆管内充满虫体。胸腹腔心包有积液。

3. 诊断

根据病羊临床症状，出现长期消瘦、下颌肿胀、不食、贫血、消化不良、腹泻等或在春、夏季放牧后出现消瘦等，可做初步诊断。确诊需采取粪便，采用直接涂片或水洗沉淀法进行集卵吸取沉淀物，制片镜检检查出虫卵，即可确诊。有些急性型病例，因虫卵尚未发育成熟，未大量排卵，粪便内找不到虫卵，需要结合病例剖检在肝脏和胆管内检查是否有童虫存在。

4. 防治方法

（1）预防　加强饲养管理，不在低洼和沼泽地带放牧羊群，以防感染囊蚴，同时利用羊的粪便进行堆肥发酵产热杀死虫卵和蚴虫。在小沟洼溪排水，用1：5000的硫酸铜溶液（在1平方米面积的沼泽死水池内放5千克）浸杀灭椎实螺，在沼湖周围也可以利用养禽灭螺。定期驱虫；南方地区在"小满""霜降"时进行。

（2）治疗

① 中草药疗法　病初用中药贯众1克、槟榔3克、龙胆草1克、泽泻1.5克，共研末，开水候温冲服；病后期取细辛1克、黄精3克、莪术1克、银花3克、泽泻1.5克、石榴皮4.5克、茯苓3克，共研末，开水候温冲服。严重肝片吸虫病用肝蛭散：苏木24克、肉豆蔻24克、茯苓24克、甘草20克、厚朴24克、贯众60克、龙胆草24克、木通24克、泽泻24克、槟榔30克，共研末，1次30～60克，开水冲调，候温空腹灌服，或水煎取汤灌服。

② 西药驱虫　驱除成虫用硫双二氯酚（又叫别

丁）按每千克体重 75～80 毫克剂量服用或用硝氯酚（拜耳 9015）按每千克体重 4～5 毫克剂量 1 次灌服。对驱除成虫和幼虫可用三氯苯唑（肝蛭净），按每千克重 10 毫克 1 次灌服。丙硫苯咪唑，按每千克体重 10～15 毫克剂量灌服，对驱除肝片形吸虫的成虫有良效。驱除发育各阶段的肝片吸虫可用溴酚磷（蛭得净）按每千克体重 16 毫克，1 次灌服。水肿严重者静脉注射 50％葡萄糖注射液，还可划破水肿，挤出液体。

四、日本血吸虫病

日本血吸虫病是由分体科、分体属的吸虫寄生在羊体门静脉、肠系膜静脉和盆腔静脉内引起贫血、消瘦与营养障碍的一种寄生虫病。病原为日本分体吸虫，虫体呈长细线状。雄虫长 10～20 毫米，宽0.5～0.97 毫米，呈乳白色。雌虫细长，长 12～26 毫米，宽 0.3 毫米，呈暗褐色。虫卵呈短卵圆形，长0.07～0.1 毫米，宽 0.05～0.07 毫米，呈淡黄色。日本分体吸虫与东毕吸虫的发育过程相似，包括虫卵、毛蚴、母胞蚴、子胞蚴、尾蚴、童虫及成虫阶段。其不同之处是：日本分体吸虫的中间宿主为钉螺，而东毕吸虫的中间宿主为多种椎实螺；此外，它们在宿主范围、各个幼虫阶段的形态及发育所需时间等方面也有所区别。雌虫在静脉末梢产卵，卵一部分随血流到达肝脏，另一部分逆血流到达肠系膜下层的静脉末梢。虫卵内毛蚴分泌溶细胞物质，损伤肠壁进入肠腔，卵随粪便排出体外，在水中孵出毛蚴，进入中间宿主钉螺体内发育，经母胞蚴、子胞蚴和尾蚴阶段后，尾蚴离开钉螺体入水中，当羊等畜饮水和通过皮肤、口腔黏膜接触而感染，尾蚴进入羊体内门静脉中寄生，经5周发育成成虫。雌虫开始产卵。该病为人畜共患病，危害严重。

1. 症状

日本分体吸虫在羊体大量感染时，病羊表现呈急性型和慢性型病程。

（1）急性型　病羊表现精神委顿，体温升高达40℃以上，呈不规则的间歇热，食欲减退。急性感染经20日后发生腹泻，持续下痢，粪便夹杂有黏液和血液，黏膜苍白，贫血，日渐消瘦，生长发育障碍及影响受胎；严重时可引起死亡。

（2）慢性型　病羊表现精神沉郁，吃草不正常，有的病羊腹泻，粪便带血，日渐消瘦，贫血，可导致母羊不孕或流产。如饲养管理不善，最终可导致死亡。

2. 剖检

尸体明显消瘦、贫血和出现大量腹水；肠系膜、大网膜，甚至胃肠浆膜层出现胶样浸润；肠黏膜有出血点、坏死灶、溃疡、肥厚或瘢痕组织；肠系膜淋巴及脾变性、坏死；肠系膜静脉内有成虫寄生；肝脏病初肿大逐渐萎缩、硬变，在肝脏和肠道内有数量不等的灰白色虫卵结节。

3. 诊断

根据临床症状、剖检病变可做初步诊断。确诊常用水洗沉淀法镜检粪便中虫卵或取新鲜粪便洗涤沉淀后，放在 22～26℃ 条件下毛蚴孵化数小时，用放大镜观察水中游动的毛蚴。此外还可采取皮内反应、环卵沉淀反应等方法确认。

4. 防治方法

（1）预防　加强饲养管理，搞好饮食卫生，严格管理粪便、粪便堆积发酵，不使新鲜粪便作废料落入水中，选在没有钉螺的地方放羊，严禁羊只与疫水接触。同时采用土埋及用石灰药物消灭钉螺。避免羊只感染尾蚴。

（2）治疗　①吡喹酮，按每千克体重20毫克剂量，1次灌服；②硝硫氰胺（7505），按每千克体重4毫克剂量，配成2%～3%水悬液，颈静脉注射；③六氯对二甲苯按每千克体重700毫克剂量，平均分成7份，每日1份，连用7日，灌服。

五、脑多头蚴病

脑多头蚴病又称脑包虫病，是由多头绦虫的幼虫（称为多头蚴）寄生于羊的脑及脊髓内引起一种绦虫蚴病。成虫多头，体长40～100厘米，由200～250个节片组成。卵中球形，直径一般为20～37微米。寄生于犬科肉食动物小肠内，发育成熟后，其孕节片脱落随狗等肉食动物的粪便排出，节片破裂，散出无数卵沾染在草上，羊将含卵节片的草吃入而感染。进入羊消化道的虫卵被溶解，六钩蚴逸出经羊肠壁血管，随血流带到脑内继续发育成囊泡状的多头蚴。羊感染多头蚴后引起羊脑和脑膜的急性炎症。常出现神经症状，造成神经错乱，不由自主地转圈运动，民间称此病叫"转场风"。本病多发生于牧区，在牛、羊与狗混群放牧地区发病较严重。1～2岁的绵羊和山羊容易感染，较多发病。

1. 症状

羊感染本病后常精神沉郁，离群，运动和姿势异常，反应迟钝；眼底瘀血，目光无神，减食，消瘦；在虫体寄生部位，头骨往往变软，主要呈现脑炎症状。本病症状因虫体的寄生部位不同而表现不同，如果寄生于某一侧脑半球表面，病羊将头倾向患侧，并向患侧做圆圈运动，个别出现癫痫发作，而对侧的眼常失明。虫体寄生于脑的前部（额叶）时，病羊将头高抬或低垂，垂头者抵于脑前，步行抬前肢盲目向前方猛冲，直到将头抵于某障碍物时，倒地或呆立不动。虫体寄生于小脑时，病羊表现敏感，容易惊恐，行走时出现急促步样或蹒跚步态，以后逐渐严重而衰竭卧地，视觉障碍，磨牙、流涎、痉挛。虫体寄生于腰部脊髓时，引起渐进性后躯麻痹，病羊停食、消瘦、虚弱，步态不稳，站立时四肢外展或内收，常常卧地不起。部分患羊高度消瘦。当虫体寄生于脑表面时，颅骨萎缩，甚至穿孔，触诊压迫患部有疼痛感。

2. 剖检

急性死亡羊见有脑膜炎和脑炎病变，还可见六钩蚴在脑膜中移行时留的弯曲伤痕。慢性期病羊脑或脊髓的不同部位可见 1 个或几个大小不等的囊状多头蚴；在病变或虫体相接的颅骨处骨质松软、变薄，甚至穿孔；病灶周围脑组织发炎；有时可见萎缩、变性或钙化的脑多头蚴。

3. 诊断

根据本病病史和特异症状可做初步诊断。确诊一般用虫体头节或蚴囊膜制的乳剂皮内注射于羊眼睑，注射部位皮肤肿胀 6 小时以上，为变态反应阳性，即可确诊。近年来采用酶联系免疫吸附试验诊断，有较强的特异性和敏感性也可确诊。

4. 防治方法

（1）预防　加强卫生检验工作，对患有多头蚴病死的牛、羊头脑、脊髓，应烧毁或深埋，不可让狗、猫等肉食动物吞食；不要在养狗和在肉食动物活动场地放牧。加强对牧区的粪便管理，粪便深埋或堆沤处理，每个季度对狗驱虫 1 次。驱虫的药物可以用硫双二氯酚，用量限于每千克体重 0.1 克以内；或用氢溴酸槟榔碱，按每千克体重 1.5 毫克，最多用量不可超过 2 毫克，1 次混入饲料内服用。

（2）治疗

① 西药驱虫　早期用吡喹酮，按每日每千克体重 50 毫克，灌服，1 日 1 次，连用 5 日为 1 个疗程；试用丙硫苯咪唑，每千克体重 10 毫克，1 次灌服。

② 对症疗法　镇静用氯丙嗪 2～4 毫升，肌内注射。

③ 晚期口服治疗　经西药驱虫无效时，需用外科手术。自病羊脑内摘除囊体。

六、绦虫病

羊绦虫病是由裸头科莫尼茨属扩展莫尼茨绦虫和贝氏莫尼茨绦虫寄生在小肠内引起的一种寄生虫病。成虫孕卵节片脱落后，随粪便排出体外在外界环境中放出虫卵，被中间宿主（土壤螨）吞食后，六钩蚴进入其血腔发育，经 26～30 日发育成似囊尾蚴。羊吞食含有似囊尾蚴的土壤螨后即被感染。幼虫吸附在羊小肠黏膜上，经一定时间（扩展莫尼茨绦虫需 37～40 日，贝氏莫尼茨绦虫需 50 日左右）发育为成虫。本病在我国"三北"地区分布很广，许多地区呈地方性流行，对羔羊危害严重，常造成大批死亡。2～5 月龄羊最易感染本病。一般在春季 2～3 月份开始，

4～6月份为感染高峰期。成羊感染率低。

1. 症状

本病轻度感染时症状不明显，严重感染时，病羊首先食欲减退，饮水增加，拉稀，有时便秘，粪中混有白色稻米粒大的绦虫孕卵节片或碎片。当虫数量多时，虫体可阻塞肠道而引起剧烈腹痛或臌胀。随后贫血、黏膜苍白、消瘦、皮毛粗糙、缺乏光泽。有的病羊肌肉反应消失，出现抽搐或转圈等神经症状。病后期常卧地不起，不能站立，并经常做咀嚼样动作，头颈向后弯曲，口吐白沫，极度衰竭而死亡。

2. 剖检

剖检死羊可见肠壁扩张，肠套叠乃至破裂；肠黏膜、肾、脾及肝脏等增生性变性；肠黏膜和心包膜有出血点；脑内可见出血性浸润和出血；腹腔和颅腔储有渗出液。

3. 诊断

结合流行病学和进行实验室检查可疑羊粪中的孕卵节片或其碎片，或以饱和盐水漂浮法检出虫卵即可确诊。

4. 防治方法

（1）预防 羔羊定期做预防性驱虫，一般放牧前驱虫1次，放牧后1个月进行第2次驱虫，再隔1个月进行第3次驱虫。选择高燥牧地放羊，避免在清晨羊吃露水草，不要在雨后放牧；此外，控制中间宿主，杀灭土壤螨。

（2）治疗

① 中草药驱虫　用贯众9克、槟榔6克、南瓜子30克、鹤虱6克共为细末，开水冲服。

② 西药驱虫　每千克体重灌服硫双二氯酚（别丁）40～60毫克，或用氯硝柳胺（灭绦灵）按每千克体重10毫克给药；或用丙硫苯咪唑按每千克体重10毫克给药；1次灌服；或用吡喹酮按每千克体重50～75毫克1次灌服；或用甲苯咪唑，按每千克体重20毫克，1次灌服。

七、仰口线虫病（羊钩虫病）

仰口线虫病又称羊钩虫病。本病是由钩口科仰口属的羊仰口线虫寄生于羊的小肠而引起的以贫血为主要症状的一种寄生虫病。虫体乳白色（吸血后呈淡红色），雄虫体长12～17毫米，雌虫体长15～21毫米，虫体前端稍向背侧弯曲，口囊大，略呈漏斗状。幼虫可经口感染，也可经皮肤感染（即感染性幼虫）钻进宿主皮肤，而后再由肺经气管、咽喉转至小肠，发育为成虫。

1. 症状

病羊表现以贫血为主的一系列症状，如黏膜苍白、皮下水肿、消化系统紊乱、下痢、大便带血，营养不良性消瘦，随着病情恶化，体质衰弱而死亡。

2. 诊断

根据病羊消瘦、贫血、下痢、大便带血等一系列症状可初步诊断。确诊需根据粪便中查出孕卵节片或其碎片，或用饱和盐水漂浮法检查虫卵。

3. 防治方法

（1）预防　加强饲养管理，尽量避免在其幼虫活跃时间放牧，注意喂给全价营养以增强羊体抵抗力。给羊群饮用干净饮水。加强粪便管理，羊群粪便需经过堆积发酵，以杀死其中虫卵。还要定期进行预防性驱虫。

（2）治疗

① 中草药驱虫　主治绵羊肠道的线虫。可用苦楝驱虫散：花椒6～9克、苦楝子12～24克、贯众9～15克，共研细末，水调空腹灌服，日服1次，连

服 4 次。有杀虫消积，燥湿散瘀功效。

②兽用敌百虫驱虫　绵羊按每千克体重 80 毫克剂量，山羊按每千克体重 50～70 毫克剂量，水调后灌服。

③西药驱虫　用驱虫净（四咪唑），按每千克体重 20 毫克，1 次灌服。

八、肺线虫病

羊肺线虫病是由丝状网尾线虫（又称大型肺线虫）和原圆科的多种线虫（小型肺线虫）寄生在羊的气管和支气管细支气管和肺内引起的以咳嗽、流黏液脓性鼻液、消瘦为主要症状的一种寄生虫病。大型肺线虫呈细线状，雄虫长 30～80 毫米，雌虫长 50～110 毫米，乳白色；小型肺线虫种类多，较纤细，长 12～28 毫米，多呈棕色或褐色。雌虫在羊的呼吸道支气管内产卵，羊咳嗽时随痰将其咳至口腔，然后被咽入胃肠道内，虫卵发育成幼虫后随粪便排至草地上，变成侵袭性幼虫后，污染饲料和饮水，借羊饮水或吃草进入羊的肠道内而被感染。幼虫进入肠内后，钻入肠壁，沿淋巴管和血管进入心脏，再通过血液循环到达肺脏，停留在肺毛细血管内，最后突破血管壁进入支气管内寄生，经 1 个月后发育为成虫。羔羊和幼龄羊易感。该病冬、春季节易于流行。

1. 症状

羊感染肺线虫病后，病初主要表现为咳嗽，在被驱赶时或早晚夜间咳嗽更为明显，咳嗽时表现痛苦，呼吸声似拉风箱。随病情严重，咳嗽加剧，常打喷嚏，有时可咳出成团虫体、幼虫和虫卵，流黏性鼻液，干涸后形成鼻痂。病羊被毛粗乱，长期消瘦，贫血，黏膜苍白，头部及四肢水肿。羔羊症状较为严重，死亡率高，死前呼吸困难。成年羊及轻度感染的羔羊症状较轻。

2. 剖检

病变只在肺部，可见不同程度的肺膨胀不全和肺气肿，肺表面隆起，呈灰白色，触摸时有坚硬感；支气管有黏性或脓性混有血丝的分泌物，可见数量不等的大、小肺线虫。

3. 诊断

根据流行病学和临床症状可做初步诊断。确诊采用贝尔曼氏法在粪便中检查出第一期幼虫，或在病羊死后剖检时用手挤压肺组织，常挤压出大量虫体，即可确诊。

4. 防治方法

（1）预防　改善饲养管理，实行羔羊与成年羊分群轮放并饮用流动清水，搞好羊舍圈卫生，加强粪便处理，并将粪便堆积沤制发酵杀灭虫及虫卵。禁止在低洼、沼泽地区放牧。在本病流行区，每年春、秋两季（春季在2月，秋季在11月为宜）定期进行药物预防性驱虫。

（2）治疗

① 左旋咪唑　按每千克体重8毫克，1次灌服；肌内或皮下注射按每千克体重5～6毫克剂量用药。

② 四咪唑（驱虫净）　按每千克体重10～20毫克灌服。肌内或皮下注射可按每千克体重10～12毫克剂量用药。

③ 氰乙酰肼　按每千克体重15毫克，皮下或肌内注射；或按每千克体重17毫克剂量灌服，每日1次，连用3～5日。

④ 丙硫苯咪唑　按每千克体重5～10毫克剂量，1次灌服。

⑤ 亚砜咪唑　按每千克体重5毫克剂量，1次

灌服。

⑥伊维菌素 按每千克体重 0.2 毫克剂量，灌服或肌内注射。

⑦碘溶液气管注射法 用碘 1 克，碘化钾 1.5 克，蒸馏水 1500 毫升，混合溶解后装入带有翻口橡皮塞的玻璃瓶内煮沸消毒，待凉至 20～37℃时，1 次注入气管，用量是羔羊 8 毫升，1 岁龄羔羊 10 毫升，成年羊 12～15 毫升。

九、羊脑脊髓丝虫病

本病又称腰痿病，是由寄生于羊腹腔指形丝状线虫和唇乳突丝状线虫的晚期幼虫（童虫）寄生在羊脑脊髓而引起的一种寄生虫病，以脑脊髓炎和脑脊髓实质破坏为特征。成年羊比幼年羊多发。指形丝状线虫的中间宿主是蚊子，它是本病唯一传播者，所以羊发病在夏末秋初。本病的流行多发于每年 7～10 月，与蚊子大量滋生有密切关系。

1. 症状

本病发病突然，病羊主要表现运动失调，腰部无力，后躯障碍，呈犬坐姿势，后肢强拘，前肢交叉，走路不能急转弯和后退，或蹄尖拖地而行，摇摆，身体常歪向一侧。严重病例斜颈，眼球震颤，肌肉痉挛，呼吸困难，四肢强直，突然倒地不能起立，最终极度衰竭而死亡。

2. 剖检

可见脑脊髓的硬膜和蛛网膜有浆液性、纤维素性炎症和胶样浸润病灶；脑脊髓白质区有空洞、出血和化脓病灶，并可见虫体。

3. 诊断

病原生前诊断困难，根据本病特殊的症状和剖检病变可做初步诊断。确诊需实验室采用皮内变态反应，或用酶标对流免疫电泳，荧光及凝集反应等免疫方法检查。

4. 防治方法

（1）预防　搞好羊舍卫生，牛、羊不宜同圈饲养，最好羊舍离牛舍 1～1.5 千米。在蚊蝇大量繁殖的季节要杀灭蚊蝇，消除蚊虫滋生地。在本病流行季节用除虫菊脂类药物预防性驱虫。

（2）治疗

① 左旋咪唑　按每千克体重 8 毫升灌服或丙硫

咪唑按每千克体重5～10毫克灌服，1日1次。

②海群生　按每千克体重10毫克剂量，每日2～3次，灌服，连用2日；或按每千克体重20毫克剂量，每日1次，连用6～8日。

③对症治疗　当麻痹不全时，应给以镇静剂，初期行刺激疗法，如用柔软干草按摩患肢，卧地不起者，应铺以大量垫草并定时翻身，以防发生褥疮。

十、羊捻转胃虫病（捻转血矛线虫病）

羊捻转胃虫病又称捻转血矛线虫病，是由毛圆科血矛属的捻转血矛线虫及长刺属的指形长刺线虫寄生于羊的第四胃中引起的一种线虫病。该病急性型以羔羊突然死亡为特征；亚急性型以贫血、下颌间水肿为特征；慢性型以消瘦和下痢与便秘交替为特征。病原为转捻血矛线虫和指形长刺线虫。捻转血矛线虫呈毛发状，淡红色，头端尖细，口囊小，内有一角质背矛。雄虫长15～20毫米，雌虫长23～30毫米，由于吸血，使肠管变成红色，而白色的生殖器官缠在肠管上，形成红、白相间的麻花状，故称之为捻转血矛线虫或捻转胃虫。阴门位于虫体后半部，有一显著的阴门盖。虫卵椭圆形，淡黄褐色，指形长刺线虫比捻转血矛线虫要大，但形态类似，主要寄生在第四胃内，小肠内则少见。虫卵随宿主粪便排到外界，在适宜的条件下，1昼夜可孵出幼虫，幼虫在1周左右，经2次蜕皮后发育为感染性幼虫，幼虫大量向草叶上爬行，羊采食草，将幼虫吃入，幼虫进入羊第四胃后，经30～36小时进行第3次蜕皮，约在第9日再蜕1次皮而变成童虫，后发育为成虫。大约需2～3周。

1. 症状

本病急性感染病例少见，亚急性病例以贫血和消化紊乱为主症。表现精神委顿、被毛粗乱，可视黏膜苍白，放牧时离群，消瘦，下颌间隙和体下部发生水肿，常出现便秘，粪中带有黏液，有时下痢，多数病羊因极度衰竭而死亡。慢性型病例渐进性消瘦，下痢与便秘交替，最后衰竭死亡。

2. 剖检

可见尸体消瘦、贫血，内脏明显苍白，胸腹腔内积有多量淡黄色液体，胃肠内有数量不等的成虫寄生。肝、脾萎缩、变形。真胃黏膜水肿，有出血点。

3. 诊断

可根据本病的流行特点、临床症状及剖检病变做出初步诊断。确诊可采集粪便，用漂浮积卵法检查出虫卵。

4. 防治方法

（1）预防 应在晚秋转入舍饲后和春季放牧前各进行1次计划性驱虫，因地区不同，选择驱虫时间和次数可根据具体情况酌定。加强饲养管理，羊的饮用水应用清洁的流水或井水，尽可能避免吃露水草和在低洼地放牧，粪便应堆沤发酵，以杀死虫卵，减少感染机会。

（2）治疗 可选择下列药物驱虫，为防止虫体产生耐药性，以下药物交替选择使用，效果更佳。

① 精制敌百虫 绵羊按每千克体重80～100毫克剂量；山羊按每千克体重50～70毫克剂量，配成水溶液1次灌服。

② 左旋咪唑 按每千克体重5毫克剂量，皮下或肌内注射；或按每千克体重7.5毫克剂量，1次灌服。

③ 驱虫净（四咪唑） 按每千克体重1～10毫克剂量，配成水溶液1次灌服。

④ 噻苯唑 按每千克体重50毫克剂量配成水溶

液 1 次灌服。

⑤ 阿维菌素或伊维菌素 1％注射液　按每千克体重 0.02 毫克剂量，1 次皮下注射。

⑥ 丙硫咪唑　按每千克体重 10 毫克剂量，拌饲或配成 10％混悬液灌服。

⑦ 对卧地不起者，静脉输入 5％葡萄糖注射液500～1000 毫升，并加入维生素 B_1、维生素 B_2、维生素 B_{12} 和维生素 C。有食欲者，给予口服补液盐，加喂麦麸等流汁饲料。

十一、羊梨形虫病

羊梨形虫病是由巴贝斯科的莫氏巴贝斯虫和泰勒科的山羊泰勒虫引起的血液原虫病。本病的病原体是巴贝斯科的莫氏巴贝斯虫和泰勒科的山羊泰勒虫。莫氏巴贝斯虫寄生在羊的红细胞中，主要呈梨形、椭圆形和不定形等多种形态，梨形的虫体长度通常大于红细胞半径，每个虫体有两团染色质团块，典型虫体的形态为双梨子形，以尖端成锐角相连。莫氏巴贝斯虫的传播者为多种牛蜱、扇头蜱。山羊泰勒虫的形态不一，以圆形或卵圆形占大多数，其次为杆状，圆点状较少。一般红细胞内虫体数为 1～4 个，在脾脏和淋巴结的涂鸦中，可见淋巴细胞内和游离存在的裂殖体（石榴体），而山羊泰勒虫的传播者则为璃眼蜱属和血蜱属的多种蜱。耐过的病羊为带虫者，也不再重新发病。本病以1～2岁羊发病为多，发病高峰多为4～7月，是由硬蜱吸血而传播，危害严重。

1. 症状

感染莫氏巴贝斯虫的病羊，表现症状为精神沉郁，体温升高至41～42℃，稽留数日不退，食欲废绝，呼吸浅表，脉搏加快，可视黏膜发黄，贫血，排出血红蛋白尿，尿液呈浓茶样。有的病例兴奋不安，无目的狂跑，突然倒地死亡。

山羊泰勒虫的病羊表现精神沉郁，体温升高至40～42℃，呈稽留热，食欲减退，脉搏加快，呼吸急促，鼻发鼾声，肺泡音粗粝，便秘或下痢，可视黏膜苍白，轻度黄染，体表淋巴结肿大，有痛感，尤其肩前淋巴结肿大明显。病程6～12日，急性病例常在1～2日内死亡。

2. 剖检

莫氏巴贝斯虫病死羊，可见黏膜皮下组织贫血、黄染。心内外膜有出血点，肝脏、脾脏肿大，表面有出血点。胆囊肿大 2～3 倍，充满胆汁，第二胃常塞满干硬物质，尿液呈红色。泰勒虫病死羊，尸体消瘦、贫血，全身淋巴结、肝、脾肿大，死羊全身出血，肾脏黄褐色，表面有淡黄色或灰白色结节或出血，第四胃黏膜有溃疡斑。

3. 诊断

根据临床症状及剖检病变做出初步诊断。需采血抹片经染色后镜检，也可用淋巴结触片镜检出虫体即可确诊。

4. 防治方法

（1）预防　预防本病的关键在于灭蜱，对羊舍和周围墙壁用敌百虫进行喷洒杀蜱；在本病流行地区，应在每年发病季节前对羊群采用咪唑苯脲或贝尼尔进行药物预防；严禁外来羊只将蜱带入，经隔离严格检疫后再合群饲养。

（2）治疗　对病羊应做到早确诊，早期用西药疗法或中草药疗法，可以下药驱虫，同时加强护理。治疗药物有以下几种。

① 三氮脒（贝尼尔、血虫净）　按每千克体重 7 毫克剂量，以蒸馏水配成 2% 水溶液，分点深部肌内

注射，每日 1～2 次，连用 3 日为 1 疗程。

② 咪唑苯脲　按每千克体重 1～2 毫克剂量配成 5%～10% 水溶液，皮下或肌内注射。

③ 阿卡普林　按每千克体重使用 0.6～1 毫克剂量配成 5% 水溶液，皮下或肌内注射，24 小时后再注射 1 次。

④ 黄色素　按每千克体重 3 毫克剂量，配成 0.5%～1% 水溶液，静脉注射，切莫漏针，注射后数日内应避免强烈阳光照射灼伤，必要时 24～48 小时重复注射 1 次。

⑤ 台盼蓝（锥蓝素）　按每千克体重 2～4 毫克剂量，配成 1% 水溶液，静脉注射，必要时第 2 日重复用药 1 次，对莫氏巴贝斯虫病有效。

⑥ 磷酸伯氨喹啉　按每千克体重 0.75 毫克剂量，每日灌服 1 次，连用 3 日，对泰勒虫病有效。

⑦ 青蒿琥酯片　按每千克体重 10 毫克剂量，每日灌服 2 次，连用 2～5 日，首次剂量应加倍。

⑧ 焦虫片（虫克青）　按每 30 千克体重 1 片，每日 1 次，连服 7 日。应慎用输液，以免剂量加倍。

⑨ 中草药疗法　给以中药八珍汤：党参 12 克、白术 9 克、茯苓 9 克、熟地 15 克、白芍 1 克、当归

10克、川芎6克、甘草3克，水煎去渣，候温灌服，以补气血，促进康复。

十二、吸吮线虫病（眼虫病）

吸吮线虫病又称眼虫病，是由吸吮线虫（又叫结膜丝虫）寄生在羊眼球表面的结膜囊内第三眼睑下而引起眼结膜、角膜炎的一种寄生虫病。本病原吸吮线虫体为线状乳白色，雄虫长8～13毫米，雌虫长16～20毫米，中间宿主为蝇类，故本病与季节有关。在羊眼内产出（胎生）能活动的幼虫，幼虫随眼分泌物流出，当蝇舔食羊的眼分泌物时，即将幼虫咽下，在蝇体内发育成侵袭性幼虫。移行蝇吻突中，当蝇再到其他的健康羊眼舔食时，又将侵袭性幼虫带入健康羊眼结膜囊内，经过20日左右，幼虫发育为成虫，引起眼虫病。本病仅见于5～9月份蝇活动季节流行。

1. 症状

虫体刺激眼结膜使之发生结膜炎和角膜炎，表现流泪、羞明、眼结膜红肿，甚至溃烂，并有大量分泌物。角膜有不同程度浑浊，严重时病羊表现不安、摇头，常以眼部抵于其他物体上摩擦，若伴有细菌感染时，可导致角膜上有圆形或椭圆形的溃疡，少数可引起失明。

2. 诊断

诊断时可在眼结膜囊部检查，发现虫体即可确诊。检查时可用橡皮洗耳球或注射器（拔去针头）吸取2％～3％硼酸溶液对眼结膜进行冲洗，并以肾形盘接取冲洗液，冲洗液中检查发现虫体即可确诊。

3. 防治方法

（1）预防　注意羊舍卫生，并消灭蝇类，在本病流行地区冬、春季节每月进行1次预防性驱虫，可减少本病的发生。

（2）治疗

① 用2％～3％硼酸水或1∶（1500～2000）碘溶液，隔5～6日冲洗1次，共冲2～3次。

② 药液杀虫　用1％敌百虫溶液或5％胶体银溶液滴入羊两眼结膜囊内，每眼3～4滴，早晚各1次。

③ 西药驱虫　用5％～10％左旋咪唑滴入羊两眼结膜囊内，每眼2～3滴后按摩眼睑，数分钟后用棉棒清除虫体，然后涂布青霉素眼膏。早晚各1次，连滴2～3次。

④ 手术取出虫体　方法是术前用1‰地卡因进行麻醉，再用消毒镊子取出虫体或用消毒棉拭子刷出虫体。然后用2％～3％硼酸水洗涤患眼。

十三、羊球虫病

羊球虫病原为艾美耳属的多种球虫，其中以阿氏艾美耳球虫、浮氏艾美耳球虫、错乱艾美耳球虫、雅氏艾美耳球虫4种致病性较强，寄生于绵羊或山羊肠内上皮细胞引起急性或慢性肠炎性原虫病，以拉稀便血为主要特征。球虫的卵囊随宿主粪便排到自然界，在适宜温度和湿度下，卵囊内合子分裂为感染性孢子化卵囊，当羊采食感染性孢子化卵囊后感染发病。饲养管理不当，羊圈不卫生，饲料、饮水被粪便污染可传播此病；或突然改变饲料，羊抵抗力降低易诱发此病。各品种绵羊和山羊均有易感性，尤其是羔羊极易感染，危害严重，时有死亡。成年羊一般多为虫体携带者，若与羔羊混养易使羔羊感染。以春夏秋季高温潮湿季节多发；冬季气温低不利于卵囊发育，很少感染。

1. 症状

病羊表现精神不振，被毛粗乱，食欲减退或消失，但饮欲增加，可视黏膜苍白。病初体温升高到40～41℃后下降，急剧下痢，粪中常混有血液、剥落的黏膜上皮，有恶臭，并含有大量卵囊。病羊肚胀，被毛脱落，眼和鼻的黏膜有卡他性炎症，贫血，迅速消瘦，急性延至数周死亡，耐过羊可产生免疫力，不再感染此病。慢性型病例因长期腹泻有渐进性贫血，消瘦，最后极度衰竭而死亡。

2. 剖检

病死羊小肠有明显病变，肠道黏膜和浆膜有粟粒大至豌豆大小淡白色或黄色圆形或卵圆形球虫结节，十二指肠和回肠有卡他性炎症，并有出血点或出血带。肠系膜淋巴结炎性肿大。

3. 诊断

根据本病临床症状，可以拉稀、便血等为主要特征，与剖检病变结合，应用饱和食盐水、漂浮法检查新鲜羊粪，发现有大量球虫卵囊或不同发育阶段的裂殖体、配子体，即可做出确诊。

4. 防治方法

（1）预防　羔羊应与成羊分开饲养，经常保持饲料和饮水的清洁卫生，圈舍及活动场所通风干燥，清洁卫生，定期对圈舍和用具用 70～80℃热水或 3％热碱水消毒。每日清除粪便和垫草皮等污染物，集中堆积发酵、生物热处理，平时用青蒿煮水、煎汁、拌料或饮用能预防球虫。发现病羊应及时隔离治疗。

（2）治疗

① 中草药驱虫　用干仙鹤草 30 克，仙旱莲草 150 克，水煎，另取生韭菜 250 克，捣烂取汁；将上述药液混合一起拌料喂羊。若粪便带血，加苦参 200～300 克，水煎 3 次，取汁，去渣，混拌于上述药液，拌料或饮水，供养自食或取适量灌服，对驱除球虫和减少出血有疗效。

② 西药驱虫用以下药物　痢特灵（呋喃唑酮），按每千克体重 7～10 克，灌服，连用 7 日。急性病例用磺胺类药物，如磺胺二甲嘧啶，按每千克体重第 1 日 200 毫克，以后改为每千克体重 100 毫克，灌服，每日 2 次，连服 3～5 日。氨丙啉，按每日每千克体重 20 毫克剂量，混入饲料或饮水，1 日 1 次，连服 4～5 日。硫化二苯胺，按每千克体重 200～400 毫克剂量，每日 1 次，连服 3 日，再间隔 1 日，后服 3 日。磺胺喹噁啉：按每千克体重 1.25 毫克，配成 10％溶液，灌服，连服 7 日，每只羊每次 5 毫升，每日 2 次。

十四、弓形体病

弓形体病又称弓浆虫病或毒浆原虫病，是由孢子虫纲的龚地弓形虫所引起的一种人畜共患寄生虫病。弓形虫的中间宿主范围非常广泛，包括人、猪、绵羊、山羊、黄牛、水牛、马、鹿、兔、犬、猫、鼠等多种哺乳动物和多种鸟类及一些变温动物。根据发育阶段不同，弓形虫的滋养体和包囊出现在中间宿主体内，裂殖体、配子体和卵囊则出现在终末宿主猫科动物体内。猫等动物吞食了含有弓形虫包囊、假囊及已成型的卵囊后，慢殖子、速殖子或子孢子进入消化道侵入肠上皮细胞内进行裂体增殖，先裂殖产生大量裂殖体，到一定阶段后又发育成配子体（大、小配子），进行配子生殖，最后形成卵囊。卵囊随猫粪便排出体外，在适宜环境下经2～4日发育成感染性卵囊（孢子化卵囊）。羊摄入被感染性卵囊污染的饲草或饮水而感染发病。除消化道感染外，还可通过皮肤破损处、阴道黏膜、眼结膜和胎盘感染。蝇类、蟑螂、蚯蚓、蜗牛等可机械传播卵囊。

1. 症状

成年羊大多数呈隐性感染，主要表现是妊娠羊多在分娩前 4～6 周流产，流产时有一半胎膜发生病变，绒毛呈暗红色，有白色坏死灶。少数病例出现神经和呼吸道症状，表现呼吸困难、咳嗽、流泪、流涎、流鼻涕、走路摇摆、运动失调、视力障碍、心跳加快，体温上升达 41℃以上，呈稽留热、腹泻等。

2. 剖检

产出的死羔皮下水肿，体腔内有过多液体，肠内充血，脑尤其是小脑前部有广泛性非炎症性小坏死点。在流产组织内可见弓形虫。少数病例淋巴结肿大，边缘有小结节，肺表面有散在的小出血点，胸腹腔有积液。肝、肺、脾、淋巴结涂片检查可见滋养体。

3. 诊断

本病大多数成年羊呈隐性感染，确诊可根据剖检和流产组织及患羊发热期血液、脑脊液、眼房水、尿、唾液或淋巴穿刺涂片染色；死后采用肝、肺、脾及淋巴结等涂片检查可见弓形虫速殖子（见图 4-9）。也可采用小白鼠接种试验或血清学诊断。

4. 防治方法

（1）预防　加强饲养管理，搞好羊舍卫生，定期消毒，严禁猫的粪便污染饲草、饲料和饮水；每年开春放牧前和冬初放牧后各进行预防性驱虫1次；对羊流产的胎儿及其他排泄物以及死于本病的畜尸应进行无害化处理，并严格消毒，防止病原感染。死于本病或疑为本病的畜尸要严格处理，以防污染环境或被猫及其他动物吞食。

（2）治疗　对急性病例用磺胺嘧啶加甲氧苄胺嘧啶，前者按每千克体重70毫克，后者按每千克体重14毫克剂量，灌服，每日2次，连用3～5日。

磺胺甲氧吡嗪加甲氧苄胺嘧啶，前者按每千克体重30毫克，后者按每千克体重10毫克剂量灌服，每日1次，连用3～5日。

磺胺-6-甲氧嘧啶，按每千克体重60～100毫克剂量，或配合甲氧苄胺嘧啶按每千克体重14毫克剂量，每日1次，连用4～5次。

用10％磺胺嘧啶钠，按每千克体重0.02～0.07毫克剂量（首次量加倍），肌内注射，每日1次，连用4～5次。

十五、羊鼻蝇蛆病

羊鼻蝇蛆病又称羊狂蝇蛆病，是由狂蝇科鼻蝇属的羊鼻蝇（又称羊狂蝇）幼虫寄生于羊的鼻腔及附近腔窦内而引起的一种羊的寄生虫病。羊鼻蝇的成虫形似蜜蜂，出现于每年5～9月，在温暖季节可活2～3周，在晴朗天气较活跃。雌雄交配后雄虫很快死亡。雌蝇在飞翔中遇到羊时，会突然冲向羊的头部，将幼虫产在羊的鼻孔中或附近，产完幼虫后死亡。幼虫蠕动爬到鼻腔、窦腔及额窦等处，少数可进入颅腔内，发育为第二期幼虫，并继续生长发育为第三期幼虫，再渐移向鼻孔。幼虫在羊鼻腔内寄生9～10个月，到翌年春季，幼虫成熟后即从鼻孔爬出；或羊打喷嚏时幼虫被喷出，落地入土化蛹，蛹期约为1～2个月，最后从蛹中羽化成蝇。羊鼻蝇幼虫主要感染绵羊，对山羊危害较轻。本病每年夏季感染，次年春季发病明显。

1. 症状

鼻蝇幼虫在羊鼻腔、额窦及鼻窦内寄生，可引起病羊极度不安，严重影响羊的采食和休息，幼虫在鼻腔内寄生，病羊打喷嚏或以鼻孔抵于地面，或以头部埋于另只羊的腹下或腿间，常甩鼻摇头、磨牙、摩擦鼻孔、鼻流清涕，后转为浓液性鼻液，有时混有血液；鼻液在鼻孔周围干涸后结痂，并阻塞鼻孔，影响呼吸。眼睑水肿，流泪。患羊食欲减退，日渐消瘦，到幼虫寄生后期，病症加剧。当幼虫侵入颅腔时，引起神经症状，表现运动失调、转圈、麻痹等，病后期不食，使羊生长发育受阻、消瘦，因极度衰竭而死亡。

2. 剖检

可在病羊鼻腔或额窦内发现多期幼虫。

3. 诊断

根据本病流行情况和临床症状表现对病羊做出初步诊断。确诊需剖检病羊鼻腔、鼻窦或额窦内，发现羊鼻蝇幼虫即可确诊。

4. 防治方法

（1）预防　在羊鼻蝇蛆病流行较严重的地区，重点消灭冬期幼虫。每年夏秋（7～8月份）成蝇飞翔季节时，用10％敌百虫软膏涂擦羊的鼻孔周围，即可获得良好的驱虫或杀死幼虫效果。

（2）治疗　在羊鼻蝇第一期幼虫期间治疗，其疗效较好；在第三期幼虫期间治疗效果多数不佳。

① 敌百虫驱虫　用10％～20％兽用敌百虫溶液，

按每千克体重 0.1 克灌服驱除幼虫。或用兽用敌百虫 60 克溶于 31 毫升蒸馏水和 31 毫升 95％ 的酒精内，按每千克体重 0.4 毫克，1 次肌内注射。体重 50 千克以上的羊用 2.5 毫升，驱除第一期幼虫效果较好。

② 西药驱虫　阿维菌素，按每千克体重 0.2 毫克，配成 1％ 溶液，1 次皮下注射，药效可维持 20 日，且疗效高。或用氯氰柳胺：按每千克体重 5 毫克，1 次灌服，或按每千克体重 2.5 毫克皮下注射，可杀灭羊鼻蝇各期幼虫。

③ 敌敌畏乳剂驱虫　大面积羊鼻蝇蛆病可用 80％ 敌敌畏乳剂熏蒸，对杀灭羊鼻蝇第一期幼虫有良好效果。少数患羊用 10％ 来苏儿吸入注射器，拔去针头，将药液注入患羊两鼻孔。

十六、羊疥螨病

羊疥螨病又称"疥癣病"，是由体外寄生虫疥螨寄生在羊皮肤表面而发生的一种接触传染性慢性寄生性皮肤病，以剧痒、皮肤结痂和脱毛为特征。疥螨种类很多，有疥螨、痒螨等。肉眼不易看到，形如蜘蛛，雌虫在患羊皮肤内产卵，卵孵化后经过幼虫、稚虫阶段变成成虫，由卵到成虫约需 15 日。本病主要通过病羊与健羊接触而传染，或借助圈舍用具等间接传播，尤其羊圈舍阴湿、拥挤更易发生本病。疥螨对山羊危害严重，绵羊易感染痒螨，主要寄生在头颈部。流行性疥癣病感染快，能造成羊脱毛和死亡，造成经济损失。改良后的细毛和半细毛杂交羊品种，因其毛密，毛长，更易感染。冬季、秋末、初春为发病季节。

1. 症状

疥癣首先侵害羊皮肤柔软且毛短的部位，如嘴唇、口角附近、鼻孔周围、眼圈、耳根部、腋下、乳房、四肢等处，以后逐渐向背部、臀部、尾根部侵害，后再向体侧蔓延，可扩展到全身。羊感染寄生疥螨后，精神很不安定，因虫体小，刺、刚毛和分泌毒素刺激神经末梢，患处感到剧痒，常在木桩和墙上擦痒，造成患处脱毛和皮肤损伤，出现丘疹、水泡，脓疱破溃流出液体，干涸结痂皮，病羊食欲减退，患处皮肤龟裂。绵羊感染了此病，头颈病变部位形成坚硬白色胶皮样痂皮，俗称"石灰头"病，出现全身及局部脱毛，羊体日渐消瘦，严重者可引起羊只脱毛和衰弱死亡。

2. 诊断

根据本病流行和症状表现，病羊体剧痒、皮肤增厚、有痂皮、脱毛和消瘦等症状，即可做出初步诊断。确诊可用虫体检查法，即从病变部位刮取皮屑至皮肤轻微出血为止，将皮屑放入10％氢氧化钠溶液中煮沸，待皮屑溶解后经沉淀取其沉渣镜检，检出虫体即可确诊，诊断时应与毛虱相区别。

3. 防治方法

（1）预防　加强饲养管理，羊群饲养密度不宜过大，必须保持圈舍卫生干燥、通风，定期清扫厩舍，牧具定期消毒，杜绝感染源。加强科学的放牧饲养，羊只膘肥体壮，皮肤结构紧密，皮质代谢协调，抗感染能力增强，不易感染此病。引进种羊要检查有无螨病，引进后隔离观察一段时间认定无螨，方可合群饲养。秋、冬及早春各用药1～2次，对圈舍和用具进行清扫和消毒。对患羊要及时隔离治疗，以防病原散布，能控制本病发生。

（2）治疗　患部面积较大时，应分片分次用药，涂药后的患羊应单独栓系，防止自舔或互舔而中毒，及时发现，快速治疗，以防蔓延。

① 验方　用乳矾散冬季治疗羊疥癣，疗效显著。方法是用药涂擦，其配方为乳香 25 克，枯矾 100 克，混合磨成细面，制成乳矾散。用时，以 1 份乳矾散内加入 2 份植物油（麻油、芝麻油、花生油、菜籽油、葵花油均可）混合加热后涂于患处，连涂数次即可治愈。

② 药浴疗法　选择剪毛两周后的晴天。浴前停牧半日，给以充足的饮水，以防羊饮用药水。农家养羊数量较少时，可进行缸浴或桶浴。药浴的药液可用 0.05％辛硫磷乳油水溶液，充分搅拌，待药充分溶解后即可。药液应当天配制，当天使用完。如病羊的数量较多，可以修建药浴池，按上述比例多配药浴溶液。不管采取何种药浴方法，药浴时要浸透全身，每只羊入浴时间不得少于 3～5 分钟。头部如有疥癣，可将其头部用药涂擦 1～2 次。3 个月内的羔羊和屠宰前 2 周的羊不能药浴，母羊药浴后要用温水洗净乳房周围药液，用药后 3 日内不能让羔羊接触母羊吃乳，以防羔羊中毒。

③ 石硫合剂杀虫　生石灰 3 千克，硫黄粉 5 千克，用适量水拌成糊状后加水 60 千克煮沸，取清液

加入温水 20 千克即可。药液温度为 20～30℃，待羊体毛全湿透即可。对已患疥癣病的羊，可隔 10～14日再进行 1 次。

④ 中草药驱虫　先将病羊疥癣结痂逐一剥落，然后涂上以下中草药：狼毒 500 克、硫黄（煅）90克，白胡椒（炒）45 克，共研细末，每 30 克加入烧开的植物油 500 克混匀涂用，有杀虫止痒生肌的功效。

⑤ 西药疗法　病羊数量少，患部面积小时，可用溴氰菊酯（敌杀死，倍特）配成 50～80 毫升/升的溶液涂擦，或用克辽林擦剂（克辽林 1 份、酒精 8份）调和后在患处涂擦。也可用阿维菌素按每千克体重 0.2 毫克，灌服或皮下注射。病羊数量多，且气候温暖的季节，采用药浴疗法。选用 0.05％辛硫磷乳油水溶液药浴。

十七、硬蜱病

硬蜱又称壁虱，俗称草蜱、草爬子、八角子蜱，为硬蜱科多种蜱属蜱的简称，是寄生在山羊体表危害性严重的寄生虫，是许多血孢子虫病的传播者。蜱靠吸血而生存,绝大多数硬蜱生活在野外,少数寄居在畜舍周围。蜱雌虫将卵产在地上或墙壁的隙缝内,卵孵化成幼虫后即开始爬到羊体上吸血,经过稚虫阶段后变成成虫。寄生部位主要在羊体被毛短少处,如耳壳内外侧、口周围和头面部。

1. 症状

蜱在羊的身体上吸取羊的血液时,口器刺入羊体皮肤可造成皮肤损伤出血,组织水肿,皮肤肥厚,有的可继发感染引起化脓等。由于蜱在吸血时刺激皮肤,引起羊剧痒不安,影响食欲和休息,皮肤出现炎症。当大量蜱寄生时,由于吸血很多,常使羊瘦弱、贫血、生长发育停滞,甚至引起死亡。由于硬蜱唾液内的毒素作用,有时可出现神经症状及麻痹。

2. 防治方法

(1)预防 经常用药物驱杀或人工捕捉栏舍内的硬蜱,捕捉时需垂直拔出。对圈舍和外界的硬蜱,可用敌敌畏制成的乳剂清洗地面和墙壁;水槽也可用开水冲烫;同时要消灭老鼠。羊不要和家猫等动物养在一起,以防把蜱带入。新购进羊要严格检疫,并进行隔离,单独饲养一段时间,确认无疫病及寄生虫后,方可混群饲养放牧。此外，采取轮牧，隔 1～2 年时间，即可使牧地上的蜱死亡。

（2）治疗　经常检查羊体，发现有蜱寄生时，要采取药物驱杀羊体表的蜱。若仅少量寄生于个别羊体，可用人工捕捉方法加以消灭。

① 农药驱杀　寄生量较大时，可用 1％敌百虫溶液或 0.33％敌敌畏溶液任选 1 种喷洒，或用 0.2％辛硫磷、0.2％杀螟松、1％马拉硫磷等药剂涂擦羊的体表，一般 10～15 日处理 1 次，连续处理 2～3 次。

② 药浴　病羊数量多及温暖的季节，用 0.05％毒死蜱、0.05％地亚农、1％西维因等对羊进行药浴 1 分钟左右，注意羊头露在液外，以免羊吃进药液。药浴或洗刷均应在放牧前进行，以免相互舔食。用药不能过量，浓度不可过高，以免患羊中毒。

十八、羊毛虱病

羊毛虱病是由啮毛虱科毛虱属的毛虱寄生于羊的皮肤而引起的一种接触传染性慢性皮肤病。毛虱头端腹面有一咀嚼式口器，以毛及皮屑为食。成虫在羊体上吸血，交配后产卵，卵即黏附在羊毛上，羊毛虱虫卵 5～10 日孵化为幼虱，再经过 2～3 周，蜕皮3～5 次变为成虱。毛虱的发育必须在宿主体表才能完成，其散播主要依靠病羊和健康羊的直接接触。羊群过于拥挤和饲养管理不良容易造成毛虱病。秋、冬季羊（尤其是绵羊）的绒毛浓密，体表温度较高，有利于毛虱的发育。

1. 症状

毛虱大量寄生于羊的耳根、颈背、大腿内侧及下腹部的体表皮肤，叮咬、爬动，引起皮肤发痒，由于擦痒，皮肤出现小结节、出血和痂块，使被毛脱落和皮肤损伤、发炎，有的擦破起脓疮。病羊受困扰表现不安，影响采食和休息，导致消瘦，影响羊的健康，羔羊发育不良。

2. 诊断

在羊体表发现毛虱和虫卵，即可确诊。

3. 防治方法

（1）预防　加强饲养管理，保持羊舍圈清洁、干燥、通风和透光。扫刷羊体和清洁污垢，勤换、勤晒垫草，羊舍及工具应定期用石灰水或热碱水喷洒，杀死虫卵。

（2）治疗　及时发现及早治疗。对大群饲养的羊应进行隔离治疗，防止接触传染。羊体灭虱的方法很多，应根据气候条件选用不同的方法治疗。如天气寒冷，则撒粉；天气温暖，则采用洗刷、喷洒或药浴。

① 验方　用桃树叶 500 克加水煎汁约 1000 毫升，连渣汁洗擦羊体患虱处。

② 天气寒冷时可撒布消石灰粉（消石灰、草木灰各等份）；天气温暖时用 2％～4％ 烟叶浸汁局部洗刷；或用 0.5％ 敌百虫溶液涂擦病羊体表，但虱卵对药物的抵抗力较强，因此第 1 次药物处理后，经 1 周应再进行 1 次。

③ 药浴　防治羊毛虱病可进行药浴，不仅可以杀死毛虱，也可灭蜱。药浴前让羊饮足水，以免误饮药液。用于药浴的药物，可选用 0.05％ 辛硫磷乳液、0.5％～1％ 敌百虫溶液、0.015％～0.02％ 巴胺磷水乳液、0.05％ 蝇毒磷水溶液、0.005％ 溴氰菊酯水乳剂、0.008％～0.02％ 杀灭菊酯水乳剂等，以上药液任选用一种进行药浴。

④ 药物灭虱 阿维菌素（虫克星）粉剂或片剂，按药品说明书剂量 1 次灌服，7 日后毛虱死亡脱落。羊体灭虱用有毒药物，需要严格控制用量，注意用药安全。

羊的内科疾病防治

一、口炎

羊口炎是口腔黏膜表层和深层组织的炎症。在病理过程中，口腔黏膜和齿龈发炎，可使羊采食和咀嚼困难，口流清涎，痛觉敏感性增高。临床常见单纯性局部炎症和继发性全身反应。

1. 症状

原发性口炎多由外伤引起，羊可因采食尖锐的植物枝杈、秸秆刺伤口腔而发病，也可因接触氨水、强酸、强碱损伤口黏膜而发病。在羊患口疮、口蹄疫、羊痘、真菌性口炎时，也可发生口炎症状。

2. 诊断

采食与咀嚼障碍是口炎的一种症状。临床常见有卡他性、水疱性、溃疡性口炎，原发性口炎病羊常采食减少或停止，口腔黏膜潮红、肿胀、疼痛、流涎，严重者可见有出血、糜烂、溃疡或引起机体消瘦。

继发性口炎多见有体温升高等全身反应。如羊患口疮时，口腔黏膜以及上下嘴唇、口角处呈现水疱疹和出血干痂样坏死。羊患口蹄疫时，除口腔黏膜发生水疱及烂斑外，趾间及皮肤也有类似病变；发生羊痘时，除口腔黏膜有典型的痘疹外，在乳房、眼角、头部、腹下皮肤等处也有痘疹。

过敏反应性口炎多与突然采食或接触过敏源有关，除口腔有炎症变化外，在鼻腔、乳房、肘部或股内侧等处见有充血、渗出、溃烂、结痂等变化。

3. 治疗

加强管理和护理，防止因口腔受伤而发生原发性口炎，对传染病合并口炎者，宜隔离消毒。轻度口炎可用2％～3％碳酸氢钠溶液、0.1％高锰酸钾溶液或2％食盐水冲洗；对慢性口炎发生糜烂及渗出时，用1％～5％蛋白银溶液或2％明矾溶液冲洗，有溃疡时用1：9碘甘油或蜂蜜涂擦。全身反应明显时，用青霉素40万～80万国际单位、链霉素1000毫克，1次肌内注射，连用3～5日。也可服用磺胺类药物。

二、食管阻塞

羊食管阻塞是因羊的食道被食团或异物阻塞而引

起的以吞咽障碍为特征的疾病。冬季严寒，缺乏新鲜草料，羊易饥饿，可在羊的日粮中添加部分多汁饲料，如胡萝卜、白萝卜、马铃薯、甘薯块等。块状饲料虽经切碎，但大小不易均匀或易混入未经切碎的干草，羊在抢食中未经咀嚼、吞咽太急，一些块根、块茎等饲料常易引起食道阻塞。在阻塞部位上方，食道积满唾液，触压有波动感。继发性食管阻塞常见于食管麻痹、狭窄和扩张。

1. 症状

羊食管阻塞后突然采食停止，精神紧张，头颈伸直，口角大量流涎，不断有空嚼吞咽动作，甩头蹬足，表情痛苦，骚动不安。如异物阻塞胸部食管时，羊只痛苦明显，由于嗳气受到障碍，易继发瘤胃臌气和呼吸困难等症状。如食块卡在颈部食道时，还可在左侧食道沟见到一个隆起的包块，可触摸到硬物形状。如异物吸入气管，易发生异物性气管炎和肺炎。

2. 防治方法

（1）预防　加强饲养管理，平时要定时饲喂，防止羊饥饿而偷食未加工的块状饲料，块状饲料应切碎再喂。

（2）治疗 食管阻塞可采用以下治疗方法：如食块卡在颈部食道，即将羊站立保定，术者用双手交替用力往上推送，当食块推回口腔时，羊便自动吐出或咬碎。如卡的时间较长或是冰冻的食物块，往往不易推动，此时可将羊侧卧，固定头部，在其颈下垫一平板，术者戴手套，紧握拳头，对准食块用力一击，即可打碎食块或移动部位，为进一步推动食块创造条件。如食块卡在胸部食道，必须先用胃管探测其所卡部位，后灌入少量菜油，并用胃管顶住食块加以固定，再将胃管外端接上打气筒，用力打气。这时羊会扭动不安，但照打无妨。如发生严重气急时应暂停打气，稍缓后再继续进行。当突然感觉失去阻力时，则表示食物已被压入瘤胃。

用上述疗法处理后无效时，施行手术，切开食道，取出阻塞物。羊胸部食道阻塞，先切开瘤胃，将胃管从瘤胃送入，另一端连接自来水管，顺着水的冲力将阻塞物向颈部食道推移，再从颈部食道切开阻塞物。羊食道阻塞疏通后，应配合抗生素消炎，即肌内注射阿莫西林注射液0.5克，1日2次，连注3～5日并限制饮食1～2日。对脱水病羊还需适当补液。对坚硬梗塞物阻塞食道应尽早灌服石蜡油20毫升，起润滑作用，利于较小阻塞物滑入瘤胃。

三、瘤胃积食

瘤胃积食又称瘤胃食滞症，中兽医称之为宿草不转。常因羊采食大量粗硬易膨胀的饲料或难以消化的干料且饮水不足，使瘤胃充满过量饲料积滞，导致瘤胃体积扩大和胃壁过度扩张，食糜滞停积蓄瘤胃引起严重消化不良，常使碳水化合物在瘤胃中产生大量乳酸而引起机体酸中毒。此外，前胃弛缓、瓣胃阻塞、创伤性胃炎、腹膜炎、真胃炎、真胃阻塞等也可导致瘤胃积食的发生。

1. 症状

病初病羊精神萎靡，呆立不食，反刍停止，嗳气减少，随后嗳气停止；腹痛不安，或后蹄踢腹，拱背时起时卧，口腔干臭，排粪量少而干黑难下，左肷窝膨胀，触摸瘤胃部有硬实感，瘤胃蠕动初期增强，后期听诊瘤胃蠕动减弱或消失，脉搏增数，黏膜发绀，病情严重时呼吸迫促，磨牙，呻吟，吐粪水。若不及时治疗，多因脱水、中毒、衰竭或窒息而死亡。当过食谷物引起瘤胃积食发生酸中毒和胃炎时，病羊精神极度沉郁，瘤胃松软积液，手冲击有拍水感。病羊喜卧，腹部紧张度降低，甚至表现盲目运动。

2. 防治方法

（1）预防　加强饲养管理，饲草、饲料过于粗硬应经过浸泡加工再喂，防止羊贪食过多营养不良、粗硬、易膨胀的饲料。

（2）治疗

① 验方　用手或鞋底按摩羊的左肷窝，刺激瘤胃收缩，促进反刍，并让其适当运动；或用臭椿树根去皮或木棍横衔病羊嘴里，木棍两头用绳系于耳朵上，并牵引适当溜达，可促使反刍；同时 1 次灌服酵面水 250 毫升，也可用酵母粉 50～80 克先用温水化开，再加适量水，1 次灌服。

② 中草药疗法　大黄 12 克，芒硝 30 克，枳壳 9 克，厚朴 12 克，玉片 1.5 克，香附子 9 克，陈皮 6 克，千金子 9 克，青香 3 克，二丑 12 克，煎水 500 毫升，1 次灌服。

③ 西药疗法　消导泻下药物用石蜡油 200 毫升，芳香氨醑 10 毫升，番木别酊 7 毫升，陈皮酊 10 毫升，加水 200 毫升，1 次灌服。或用人工盐 50 克，

大黄末 10 克，龙胆末 10 克，复方维生素 B 20 片，1 次灌服，并用甲基硫酸新斯的明 1～2 毫升，肌内注射。解除酸中毒用 5％碳酸氢钠 100 毫升灌入输液瓶，加 5％葡萄糖注射液 40～60 毫升，静脉 1 次注射。若继续恶化，为防止酸中毒，可用 2％石灰水洗胃。心脏衰弱时可用 10％樟脑磺酸钠 4 毫升，静脉或肌内注射。病羊严重积食，呼吸困难时，可用尼可刹米注射液 2 毫升，肌内注射。

④ 瘤胃切开手术抢救　对良种羊或采毛羊的瘤胃积食，可迅速进行手术抢救疗法，手术后进行补液 1 次（术中补液较为理想，在麻醉状态下给药可不用另行保定，还有利于患羊术后提前苏醒和提高机体机能状态），补液用 5％葡萄糖注射液 500 毫升、青霉素 480 万～640 万国际单位、地塞米松 5～10 毫克、维生素 C 注射液 0.5 克，混合静脉滴注，并用樟脑磺酸钠强心。病羊术后要单独饲养，18～24 小时禁食，给少量水，给予少量熟稀豆饼加玉米面，逐渐加喂青干草，适当运动。一般术后 2 日开始恢复食欲，6～7 日食欲渐正常，7～10 日拆除绷带和皮肤缝线。

⑤ 针刺穴位　关元俞、百会、六脉、后海等穴。

四、瘤胃臌气

羊瘤胃臌气是由于羊吃了大量易于发酵的饲料，瘤胃内食物发酵产生大量气体积聚而引起的前胃疾病。本病主要发生于绵羊，山羊少见。多发生在牧草茂盛的春、夏季节放牧的羊群。羊常因采食过量的鲜嫩青草、发酵饲料、多汁的豆科牧草、胡萝卜、山芋及霉坏饲草，或采食雨露水青嫩绿草后立即饮水，造成瘤胃中发酵后气体包藏在泡沫中，引起瘤胃上口闭锁不能嗳气而发生的膨胀病。本病也可继发于前胃弛缓、瓣胃阻塞、创伤性胃炎、真胃炎、食道阻塞及腹膜粘连等病。

1. 症状

初期病羊表现不安，回顾腹部，不断起卧，停止进食，出气急促，不久腹围增大膨胀，腹部凸起，左腹比右腹更为明显，严重者可高出脊背。叩诊呈鼓音。腹痛不安，摇尾，后肢踢腹，前肢张开，张口呼吸，按压肚腹部，紧张而有弹性，呼吸急促，脉搏快而弱，不吃喝，不反刍，嗳气停止，结膜呈蓝紫色，体温一般变化不大。严重时，可见眼球突出，肌肉颤抖，运动失调，站立不稳，最后倒地不起，听诊瘤胃蠕动音减弱。呼吸极度困难，发吭吭声。如不及时治疗，几分钟或半小时内易发窒息和心脏麻痹窒息而死亡。继发性的急性瘤胃臌气较轻，慢性臌气常在食后胀气，反复发作，时胀时消，病羊反刍减少，逐渐消瘦，病程长达1周或数日。

2. 防治方法

（1）预防　加强饲养管理，在露水未干或雨后放羊时，放牧员要在羊群前趟掉草上水珠，再让羊啃草，不能过多饲喂易发酵的新鲜肥嫩多汁豆科牧草，尤其舍饲干草转为青草时更应注意。切勿给喂发霉、腐败的饲草以及冰冻或品质不良的青贮料。羊大量采食后不要立即饮水。

（2）治疗

① 验方　用100克麻油掺若干个捣烂的大蒜泥灌入羊肚内，半小时后膨胀即消。或使病羊站在斜坡上，取鲜臭椿棍1根，横衔病羊口中，两端用绳固定于两角处，使其不断张口舔动，同时按摩羊腹部，使其从口排出气体，腹部膨胀消退后，再投服醋0.5千克，兑水适量或酒精100～150毫升。以上药物羔羊

按 1/10 量投服。也可以食用碱面 40～50 克，先放入容器内加热水 2000 毫升左右，搅拌溶解后灌服，再灌植物油 250 克，一般病轻者灌药后 2 小时即愈，若病重投药不见疗效者，再投药 1 次。

② 中草药疗法　可用莱菔子 30 克，芒硝 20 克，滑石 19 克水煎，另加清油 30 毫升，1 次灌服；或莱菔子 50 克，芒硝 20 克，滑石 10 克，水煎，另加清油 30 毫升，1 次灌服。慢性气胀用加味四君子汤：党参 15 克，白术 10 克，茯苓 10 克，陈皮、青皮、砂仁、甘草各 5 克，水煎温服。

③ 西药疗法　用石蜡油 100 毫升，鱼石脂 2 克，酒精 10～15 毫升，加水适量 1 次灌服；或用硫酸镁溶液 50～80 克，加水 300 毫升 1 次灌服；也可用硫酸镁溶液 50～80 克，石蜡油 100～150 毫升，鱼石脂 10 克加水 1 次灌服。缓泻制酵泡沫性瘤胃臌气用消气灵 10 毫升，加植物油 50 毫升，加水 1 次灌服。

④ 穿刺　如病羊患急性臌气数日且病势严重，来不及投药时，可用套管针（如无套管针可用 16 号兽用注射针头）消毒后于左侧瘤胃处，直接刺入瘤胃后拔出针芯，缓慢排气，进行急救。对于泡沫性瘤胃臌气应先消泡沫再放气。穿刺要用碘酊消毒。气体缓

229

慢排出后，可由排气管内直接注入福尔马林或其他止酵剂。

五、瘤胃弛缓

羊由于吃了过多的谷物饲料如高粱，造成积食性瘤胃弛缓。此外，羊吃了过多的喜爱采食的饲料，如苜蓿、青饲料、豆科牧草；或养分不足的粗饲料，如干玉米秸秆等；采食干料，饮水不足，也可引起该病的发生。因过食或偷食谷物精料，引起急性消化不良，使碳水化合物在瘤胃中形成大量乳酸，导致机体酸中毒，亦可出现瘤胃积食的病理过程。该病还可继发于前胃弛缓、瓣胃阻塞、创伤性网胃炎、腹膜炎、皱胃炎及皱胃阻塞等疾病过程。

1. 诊断

发病较快，采食、反刍停止，病初不断嗳气，随后嗳气停止，腹痛，摇尾，或后蹄踏地，拱背，咩叫。后期病羊精神萎靡，左侧腹部轻度臌大，肷窝略平或稍凸出，触诊硬实。瘤胃蠕动时初期增强，以后减弱或停止，呼吸促迫，脉搏增速，黏膜发绀。严重者可见脱水，发生自体酸中毒和胃肠炎。

2. 防治方法

（1）预防　严格饲养管理制度，加强对羊群的检查，建立合理的饲喂和放牧操作程序。治疗应遵循"消导下泻，止酵防腐，纠正酸中毒，健胃，补充液体"的治疗原则。

（2）治疗　消导下泻可用石蜡油 100 毫升、人工盐或硫酸镁 50 克、芳香氨醑 10 毫升，加水 50 毫升，1 次内服。止酵防腐可用鱼石脂 1～3 克、陈克酊 20 毫升，加水 250 毫升，1 次内服；亦可用煤油 3 毫升，加温水 250 毫升，摇匀呈油悬浮液，1 次内服。纠正酸中毒可用 5％碳酸氢钠溶液 100 毫升，5％葡萄糖溶液 200 毫升，1 次静脉注射；或用 11.2％乳酸钠溶液 30 毫升，1 次静脉注射。心脏衰弱时可用 10％安钠咖注射液 5 毫升，或 10％樟脑磺酸钠注射液 4 毫升，肌内注射。呼吸系统和血液循环系统衰竭时，可用尼可刹米注射液 2 毫升，肌内注射。

中草药疗法可用大黄 12 克、芒硝 30 克、枳壳 9 克、厚朴 12 克、玉片 1.5 克、香附子 9 克、陈皮 6 克、千金子 9 克、青皮 9 克、木香 3 克、二丑 12 克，煎水 500 毫升，1 次内服。

种羊发生急性瘤胃弛缓，若应用药物治疗不能达到目的时，宜迅速进行瘤胃切开手术，进行急救。

六、瓣胃阻塞

　　羊瓣胃阻塞，又名重瓣胃秘结，俗称"百叶干"，又称"百叶肚"，是由于羊的重瓣胃收缩力减弱，内容物滞积不能排入皱胃，水分被吸收干涸而发生阻塞的疾病。以排串珠状粪便为特征。本病的发生多因羊长期过量吃纤维粗硬的干饲料或带有泥土的饲草，或长期吃食麸糠、豆角皮等，而饮水缺乏和运动不足，难以腐熟化导致长期沉积停滞于胃内，造成瓣胃肌麻痹及小叶压迫性坏死而发病。此外前胃弛缓、瘤胃积食、真胃阻塞和瓣胃与腹膜粘连，或热性病，或久病伤阴也可继发本病。

1. 症状

　　本病发展缓慢，初病病羊食欲和反刍减少，鼻镜干燥、口津黏少；粪便干小色黑呈串珠状，外面带有大量黏液。病中期食欲大减或废绝，反刍减少或停止，便秘，粪干如栗；鼻镜干而起壳，口干舌燥，舌刺坚硬。病后期卧地不起，不愿起立，背拱腹缩，食欲废绝，反刍消失，皮毛焦枯，鼻镜龟裂，眼球下陷。听诊瘤胃蠕动音减弱，瓣胃蠕动音消失，常可继发瘤胃积食和臌气。疼痛不安。常全身症状恶化而死亡。

2. 防治方法

（1）预防　加强饲养管理，防止长期饲喂粗硬、沾有多量泥沙的饲料及难消化的饲料，增喂青绿多汁饲料，保证足够水及适当运动。

（2）治疗

①中草药疗法　宜尽早治疗，增强瓣胃蠕动，促进瓣胃内容物排出，用枳实10克，大黄5克，神曲、山楂、麦芽、厚朴各20克共研末，开水冲药，加麻油30克1次灌服。增液承气汤加减：大黄、郁李仁、枳壳、生地、玄参各10克水煎去渣，加芒硝和蜂蜜各20克，猪油100克调和灌服。或制香附60克、炒神曲30克、土炒陈皮24克、三棱9克、莪术9克、炒麦芽30克、炙甘草15克、砂仁15克、党参15克，共为细末，每次用药粉2克，以开水冲调成糊状，候温灌服1～2次。

②内服泻剂　大黄末10～15克，龙胆末10～15克，人工盐20～25克，复合维生素B15片，加水适

量 1 次灌服；或用石蜡油或植物油 100 毫升灌服，或用硫酸镁 50～80 克，加水 1000 毫升 1 次灌服。每日 2～3 次。

③ 重症用瓣胃注射疗法　病羊站立保定，注射部位在羊右侧第 8～9 肋间与肩胛关节水平线相交点下方 2 厘米处。剪毛消毒后用 12 号 7 厘米长注射针头向对侧肩关节方向刺入 4 厘米深，1 次注入 20％硫酸镁溶液 30～40 毫升、石蜡油 100 毫升、土霉素 1～2 克，每日 1 次，连用 2～3 日。病情严重者需结合输液，10％氯化钠溶液 50～100 毫升、10％氯化钙溶液 10 毫升、5％葡萄糖生理盐水 150～300 毫升，混合后 1 次静脉注射。待瓣胃松软后，皮下注射 0.1％氯化铵甲酰胆碱溶液 0.2～0.3 毫升，兴奋肠胃运动。操作方法要正确，注意严格消毒，注射部位要准确。

若用瓣胃注射疗法疗效不佳时，需尽早进行手术疗法，术后加强护理，肌内注射青霉素 80 万～160 万国际单位，每日 2 次，连用 5 日。

七、创伤性网胃炎

本病是由于尖锐异物刺伤网胃壁而发生的一种疾

病。特征为急性前胃弛缓，胸壁疼痛，间歇性臌气，白细胞总数增加及白细胞核左移等。病因是由于饲料中混有金属与尖锐异物，如铁钉、铁丝、缝针等，被羊误食，刺伤网胃壁。由于网胃壁收缩运动腹压增高、奔跑、跳跃、过食之后，瘤胃蠕动音减弱，常出现反刍性臌气等，致使金属与尖锐异物刺入网胃壁或造成胃壁穿孔，可使网胃壁内容物进入腹腔，引起创伤性网胃及网胃炎。若金属与尖锐异物刺入网胃壁或造成胃壁穿孔，并发生局部性或弥漫性腹膜炎，若向前穿透横膈，刺入心包或心肌，则可造成创伤性网胃心包炎，异物还可造成肺、肝、脾等器官的损伤。常发生于舍饲的奶山羊。

1. 症状

发病一般缓慢，病羊初期吃草、反刍，泌乳正常，当羊网胃壁一经发生穿孔，突然发生严重的消化机能紊乱，病羊表现吃草料突然减少，反刍少而不自然，鼻镜干燥，空口咀嚼，磨牙，常见抬头伸颈。排便时拱腰举尾不敢努责，粪便干而且量少，呈暗黑色，表面覆盖黏液，有时发生潜血，观察呼吸，常见屏气现象。站多卧少，站立时前肢张开，走不外展，弓背，不愿走下坡路和左转弯，喜站在前高后低的斜坡上，如牵到斜坡地上行走下坡，行动谨慎，在一般情况下，伸头颈，腿靠拢，病羊行走遇沟则卧地，遇到障碍物则踌躇不前也不做急转弯或跳跃等动作，表现疼痛呻吟。触诊用手冲击其胃区有疼痛感，抗拒或躲闪。按捺其背部出现沉腰反应。若金属与尖锐异物损伤隔膜，心包发生创伤性心包炎，瘤胃蠕动音弱，前胃慢性瘤胃臌气，病羊表现精神沉郁，体温升高，静脉怒张，心悸，脉搏快，呼吸浅，眼红流泪，颌下胸前水肿，叩诊其心区有痛感，心浊音区扩大，听诊心音减弱，出现心包摩擦音及拍水音。病羊后期常发生腹膜粘连，心包化脓和脓毒败血症。

2. 诊断

主要根据病史和临床病症。如按一般消化不良和原发性前胃弛缓，结合健胃药治疗时不但无效反而加重病情，可做初步诊断；确诊必须系统观察临床各种表现，再结合血象变化，或者借助金属探测器检查及X光透视拍片检查可确诊。

3. 治疗

通常使用自然疗法，即让患羊站立保定在前高后低的斜坡上，以减轻网胃承受的压力，促使异物由网胃壁退出。有条件的可用导管将吸铁器投入胃内，然后牵羊自由活动15分钟，再缓缓取出吸铁器，可重复投入。

本病治疗一般比较困难，普通肉羊和毛用羊确诊则淘汰，对于良种羊患病可用以下疗法。

（1）**保守疗法** 用青霉素40万～80万国际单位，链霉素50万国际单位，1次肌内注射；也可用磺胺嘧啶钠5～8克，碳酸氢钠5克，加水灌服每日1次，控制炎症。并内服轻泻剂，如用硫酸镁40～100克，石蜡油或植物油100～200毫升。

（2）**手术疗法** 常规麻醉消毒后切开皮肤肌肉，切开瘤胃翻转固定胃壁，掏出瘤胃内容物，再将手平伸入瘤胃，进入网胃，从网胃中取出异物，然后对胃壁进行全层和内翻缝合，腹膜、肌肉、皮肤采用常规缝合。同时使用抗生素和磺胺类药物等对症消炎治疗。采用瘤胃切开术取出网胃内的金属与尖锐异物，发现早期创伤性心包炎时可进行心包冲洗，如病程发展到心包积脓阶段，病羊应予淘汰。

（3）**护理** 患羊手术后需要护理，并给一个较长阶段的抗生素及补液疗法。

八、泄泻

羊泄泻又称"腹泻",俗称"拉稀",是以排粪次数增多、粪便稀薄,甚至排出水样大便为主要特征的一种常见病症。引起泄泻的原因很多,一般轻度而短暂的拉稀,主要由于饲养管理不当,如饮污浊的水,外感寒湿、过食草料使脾胃受损、消化无力,突然更换青草或采食腐败发霉的草料、毒草中毒等均可引起腹泻。胃肠炎等严重而顽固的拉稀,表示肠道黏膜发生炎症,主要病因是消化系统机能紊乱。中兽医认为引起泄泻的原因是脾胃运化失职,小肠清浊不分成为寒泻,外感暑热、多食热草料等使湿热内瘀而成热泻,过食草料使脾胃受损、消化无力而成伤食泻。各种年龄的山羊、绵羊一年四季均可发病,尤以夏、秋两季多发,对养羊业危害极大。

1. 症状

病羊一般表现出精神委顿,食欲、反刍停止或废绝。冷肠泄泻(寒泻)粪稀如水,耳鼻俱凉,肠鸣如雷。湿热泻血(热泻)泄粪粥状,常带泡沫秽臭状,口渴喜饮,体表发热。伤食泄泻肚腹胀满,泄粪稀薄，有时粪内夹有未消化的料渣，嗳气酸臭，听诊肠音增强，随着病情发展而减弱或消失；舌苔黄腻，病羊有黄白舌苔，腹痛，水泻严重脱水，迅速消瘦，毛焦，口色淡白。肾虚泄泻为长期慢性泄泻，夜间更重，俗称"五更泻"，完谷不化，四肢无力，有时后肢浮肿，脉搏微弱。泄泻症不治，最后因全身衰竭而死亡。

2. 诊断

根据病史、临床症状和剖检病变即可诊断。

3. 防治方法

（1）预防 平时加强饲养管理，防止喂给腐烂发霉、变质、有毒等饲料，注意饮水清洁。春季采用新鲜菜切碎喂羊可防止发生该病。如怀疑有传染性疫病应注意尽早隔离治疗，病羊圈舍与饮食具要进行消毒。

（2）治疗

① 验方 用大蒜捣烂成烂泥状，10克，加白酒50毫升，1次灌服，1日1剂，连服3日。

② 中草药疗法 中草药治疗泄泻见效快，疗效确实，无毒副作用，且不易产生抗药性。在临床治疗

时应以辨证为主，确定泄泻类型，合理选药，对症施治。寒湿泄泻治疗原则：温中散寒、健脾利水、行气活血。药方为加味苓平胃散：肉桂、炮姜、肉豆蔻、苍术、炒白术、陈皮、厚朴、茯苓、猪苓，上药适量，粉碎后开水冲调，候温灌服，1～2剂即愈。

湿热泄泻治疗原则：清热燥湿、鲜毒凉血、芳香化湿。药方：白头翁、苦参、秦皮、大黄、白芍、郁金、侧柏炭、地榆炭、藿香、甘草，上药适量，粉碎后开水冲调，候温灌服，每日1剂，连用2～3剂。

脾虚泄泻治疗原则：健脾益气、行气和中、淡渗利水。药方：党参、炙黄芪、焦白术、山药、茯苓、苡米、山楂、麦芽、神曲、陈皮、枳壳、升麻，上药适量，粉碎后开水冲服，候温灌服，1日1剂，连服3剂。

肾虚泄泻治疗原则：温肾暖脾，固肠止泻、敛阴补气。药方：煨肉豆蔻、五味子、乌梅、诃子、肉桂、党参、黄芪、焦白术、茯苓、山药、附子、陈皮，上药适量，粉碎后开水冲调，候温灌服，1日1剂，连服3～5剂。

伤食泄泻治疗原则：消积导滞，清热利湿。药方：青皮、枳实、玉片、大黄、神曲、麦芽、莱菔子、木通、芒硝，上药适量，粉碎后开水冲调，候温灌服，1～2剂即愈。

泄泻严重病例可选用中药止泻散：用五味子、肉桂、补骨脂（炒）、苍术（炒）、诃子（炒）、陈皮等中药组成，10千克以下羊每次用药25克，每日1次，连用3～4日可完全治愈。上述中药根据羊的体重大小用药给量，合理施治，不易复发，消化机能恢复快。如从用药第2日再给适量健胃散，效果更好，用开水浸调成糊状，候温灌服。伤食泻病情确定需配合服用健胃消食中药炒三仙适量。

③ 西药疗法　稀粪水样用药：用炭6克，次硝酸铋3克加水内服。病程缓慢者用磺胺脒8～12克，第1日灌服1次，第2日分2次灌服。脱水病羊用5%葡萄糖氯化钠溶液100～300毫升、1%～3%碳酸氢钠溶液50毫升、维生素C 100毫升混合静脉注射，每日1次，同时也可添加抗生素。腹泻严重者用氯霉素0.5克，灌服，每日2次；或用庆大霉素20万国际单位肌内注射，每日2次。

④ 针刺疗法　交巢穴、百会穴、尾根穴、尾尖穴。严重病例采用交巢穴水针疗法。

九、肠套叠

羊肠套叠是羊肠管的某一段陷入自体肠管内的剧烈性腹痛病。主要是肠内有寄生虫，特别是结节虫在肠道壁上形成结节，或采食冷冻的有刺激性的饲料，使肠壁受激，引起肠环肌肉痉挛性收缩，影响肠道的正常蠕动，造成病理套叠。肠道病变如肠道炎、肠痛、肠血管痉挛、肿瘤等，会促使肠管痉挛性收缩引起套叠。另外，机械性的刺激，如急剧奔跑和跳跃、剧烈运动，或肠管神经紊乱，或由于剪毛时羊过度挣扎和急剧翻转，也是发生本病的原因。本病多发生在绵羊，山羊少见。

1. 症状

病羊表现精神沉郁，反刍、食欲消失，鼻镜干燥，体温正常，心音减弱。病程7～10日。最初行走不稳，喜卧地，卧时小心，卧后常发出叹息及切齿声。腹痛时，常做伸懒腰、拱背、磨牙、翘鼻等。发病2～3日后眼结膜变成蓝紫色，有时两后肢或一肢向同一侧方向用力伸直。病羊腹部饱满，绝食1～2日后仍不缩小，振动腹部，常听到叮咚的水响声，听诊肠蠕动音减弱或停止。粪稍干，第 2 日显著减少，粪球上常附有黏液，2～3 日后不排粪，有时排出带血的黏液，直肠检查，宿粪稀软，酸臭，后期呈黑褐色、黏稠状，似松馏油而恶臭。食欲完全废绝。

2. 防治方法

（1）预防 每年定期驱虫，在剪毛时注意勿使羊过度挣扎，翻转时要小心，避免急赶羊群。

（2）治疗 目前还没有理想的治疗药物，刚发病时可用手紧闭羊的鼻口达数分钟，使羊由于暂时的窒息而挣扎，这样有时可以矫正过来。对上述方法整复无效，而经济价值较高的羊，手术整复是唯一的治疗方法。病羊取右侧保定；手术治疗前，手术室、器械、操作人员要进行严格地消毒。病羊右侧肋骨和胯骨之间剪毛，送入手术室后，除术部以外，均以无菌纱布覆盖。麻醉用 40%酒精，按每千克体重 5～6 毫升 1 次内服，一般羊 350 毫升左右。或术部行局部麻醉，在腹壁开一个 10 厘米切口，切开腹膜，术者将手伸入腹腔小心将羊肠管病段拖出腹腔，用消毒纱布将肠管与腹壁隔离，然后整复套叠肠管，再将肠管纳入腹腔，恢复正常位置，然后按常规闭合腹腔，伤口敷料包扎固定。术后病羊要放置于安静、清洁、干燥的场地精心护理。术后要禁食3日，供少量饮水，每日用10％葡萄糖溶液500毫升、维生素C10毫升、20％安钠咖注射液3毫升混合一起，静脉滴注，每日1次，连用3日。为了防止病羊创口感染发炎，可用青霉素80万国际单位、链霉素1克肌内注射，每日2次，连用3日。并给予适当运动，以防止肠壁粘连。

十、羔羊白肌病

羔羊白肌病又称肌营养性不良症，是伴有骨骼肌和心肌变性，并发生运动障碍和急性心肌坏死的一种微量元素缺乏症。病因是由于缺乏微量元素硒和维生素E所致，以骨骼肌、心肌纤维以及肝组织发生变性、并发坏死为主要特征。病变部肌肉色淡甚至苍白。2～6周龄多同群羔羊发病。冬天和早春缺乏青绿饲料时，母乳中缺少微量元素硒，易引发本病。常呈地方性流行，多为同群发病。

1. 症状

急性发病羔羊往往放牧时由于受到惊动后剧烈

运动或过度兴奋，常未发现症状而突然死亡，一般病程为1周左右。病羔精神不振，弓背，四肢无力，运动困难，喜卧地，不愿起立，全身衰弱，心力衰竭，运动障碍，呼吸困难，消化机能紊乱，常有腹泻；可视黏膜苍白，有的发生结膜炎、角膜混沌、软化，甚至失明；血尿，尿呈淡红或红褐色。有时病羔发生强直性痉挛，随即出现麻痹，于昏迷中窒息死亡。

2. 剖检

剖检死羔可见腰、背、臀等骨骼肌、心肌肌肉变性、色淡、苍白，似煮肉样，呈灰黄色、黄白色的点状、条状、片状不等；横断面有灰白色、淡黄色斑纹，质地变脆、变软。

3. 诊断

在羔羊白肌病的早期诊断中，牧民的经验是把羊羔抱起，轻轻掷下，健壮羔羊可立即跑走，但病羔则稍停片刻才向前跑。该病呈地方性群羊发病，地方有缺硒记录。

4. 防治方法

（1）预防 主要是对妊娠、哺乳母羊及羊羔加强饲养管理，特别是冬、春季更应注意蛋白质饲料和富硒饲料（如豆科的苜蓿、甘草等）的供给。

（2）治疗　对已发病羔羊每只应立即用硒制剂如0.2％亚硒酸钠溶液1.5～2毫升，每月肌内注射1次，连用2次；与此同时，应用氯化钴3毫克、硫酸铜8毫克、氯化锰4毫克、碘盐3毫克，加水适量，灌服；如辅以维生素E注射液100毫克，肌内注射，每日1次，连用3～4日，则疗效更佳。在疾病恢复期灌服复方阿胶糖浆40毫升，乳酸钙0.5克，连用1周，可促进病羊早日康复，疗效更佳。

十一、羊食毛啃土

羊食毛啃土是一种异食癖，是代谢机能紊乱、味觉异常的一种复杂的多种疾病综合征。原因主要是饲料中长期缺乏无机盐，尤其是微量元素铜、钴、镁、硫等缺少。羊群过于拥挤也是患病的重要原因。一般多见于冬季和早春舍饲的羊，多发生于羔羊，其中以绵羊、细毛及杂种羔羊最常见。

1. 症状

羊啃土和啃食母羊颈部、肩部被毛，有时专吃母羊腹部、腿部及尾部的脏毛，羔羊之间也相互吃毛，或在羊圈内检查有脱落的羊毛，并有啃食围墙土的现象，然后日渐增多，吃下去的毛常在幽门和肠道内黏合成坚硬的毛球，致使羔羊消化不良或便秘及食欲不振、反刍停止、胃气膨涨。随后逐渐消瘦和贫血。啃食毛球过多，堵塞真胃和肠道，可引起肠梗塞、胃胀气、腹痛，并有拉稀或便秘的症状而导致死亡。

2. 剖检

可见胃内和幽门处有许多羊毛球形成堵塞。

3. 防治方法

（1）预防 加强羔羊和母羊的饲养管理。注意营养，饲料要多样化，给予全价日粮，补喂矿物质、蛋白质和维生素饲料。如补喂矿物质及微量元素添加剂、骨粉、蛋壳、食盐等。饲养密度合理，平时把吃毛的羔羊与母羊分开，只让其吃奶时在一起，以避免因缺乏某种营养物质而发生异食癖。

（2）治疗 若发生便秘和消化紊乱，还应参照治疗便秘的方法，用温肥皂水灌肠，多喂些易消化的饲料，并增强运动。饲时给予泻剂，如石蜡油和硫酸钠等。用轻泻药物使病羔排出毛球，若排不出，应确定部位，用手术法切开，掏取毛球，手术过程如下。

① 左肷部剃毛、碘酊消毒，0.5％盐酸普鲁卡因注射液 25 毫升做切口处皮下浸润麻醉。

② 垂直做 10 厘米长的切口，钝性分离肌肉、切开腹膜，在腹膜下方与瘤胃之间塞上纱布，防止瘤胃内容物入腹腔。

③ 切开瘤胃后，看到羊毛团或其他异物，助手把瘤胃切口的创缘与腹膜、肌肉切开的创缘用两手抓紧，术者掏出异物。

④ 用温热的生理盐水冲洗伤口，除去异物，用连续缝合法缝合瘤胃，第二道用肠胃缝合法。

⑤ 抽出瘤胃切口与腹膜之间的纱布，瘤胃切口上撒青霉素粉，然后按常规缝合腹腔。

⑥ 术后连续 3 日给药。静脉注射 10％葡萄糖溶液 500 毫升、青霉素 400 万国际单位、维生素 C 30 毫升。

⑦ 术后注意护理，48 小时食欲可恢复正常，7 日可以痊愈。

十二、羊误食农膜

近年来，农用塑料薄膜被广泛应用，在使用农膜的农田附近放牧，农膜极易被羊误食，特别是绵羊更易食入。羊一旦食入过量的薄膜，由于聚乙烯薄膜不易腐烂，如果不及时治疗，往往会由此而引起死亡。未死亡的羊也因此堵塞消化道，引起炎症和消化不良，表现为消瘦，体质下降，给养羊业造成很大的经济损失。

1. 症状

羊食入过量的农膜后，首先表现为消化不良，逐渐消瘦，精神委顿，食欲不振，反刍减少或废绝，腹胀，便秘，站立不稳，呼吸困难，最后导致昏迷，神经麻痹而死亡。

2. 诊断

患羊病程长。如有食入农膜史，用一般消导健胃药治疗无效，或有效却易复发。

3. 防治方法

（1）预防 加强对羊群的饲养管理，在饲料中补足各种矿物质和微量元素，力求饲喂全价饲料，以避免因缺乏某种营养物质而发生异食癖。特别在秋收放牧后，要尽量远离使用农膜的地块，对农田中残留的农膜要进行认真处理，最好将其集中在一起烧掉或埋掉。

（2）治疗　主要采取手术疗法。病羊食入农膜后，随食糜运行至网胃和网瓣胃孔积聚，将网胃和网瓣胃孔堵塞。需要采取瘤胃切开术，用手将堵塞的农膜全部取出。手术过程如下。

① 保定　将患羊右侧卧保定，术部剪毛，消毒，用无菌创巾隔离。

② 切口位置　切口在左侧腰椎横突下方5～8厘米，距最后肋弓5厘米左右，与肋弓平行做一个长约15厘米的切口。

③ 手术方法　切开腹壁，显露瘤胃后，再铺一块中间带孔的无菌塑料布，将瘤胃浆膜肌层与塑料布孔的边缘做连续缝合。在孔中间切开瘤胃，切口长约12～15厘米，手入瘤胃腔内，在网胃及网瓣胃孔内进行探查，将堵塞其中的农膜取出。接着清洗瘤胃切口，缝合，拆除与瘤胃浆膜肌层缝合的塑料布，换器械，对瘤胃进行浆膜肌层缝合，涂上抗生素软膏，防止粘连，将瘤胃还纳腹腔，进行腹壁缝合。

④ 术后护理 每日肌内注射抗生素，以防感染。饲喂软而易消化的草料。如护理得当，一般在 7 日以后即可痊愈。

十三、绵羊剪毛病

绵羊剪毛病是绵羊在夏季剪毛后发生的一种急性致死性突发病。据调查，羊在剪毛前采食过饱，往往是致发该病的主要原因。该病多发于幼龄细毛羊尤以首次剪毛者为甚，成年羊较少发生，粗毛羊有个别发生。

1. 症状

病羊初期表现为心跳、呼吸加快，体温升至40～41.5℃，扭腰、摆尾、蹦跳不安，后肢踢腹，不时卧地欲滚，而后腹痛加剧，腹部很快胀气，卧地不起。有的排黑色稀便，粪内混有大量紫红色或少量鲜红色血液。发病后期精神极度沉郁，口吐白沫或流涎，体温下降至正常以下，结膜苍白，眼球下陷、两耳冰凉，很快痉挛而死。从发病到死亡多在 1 小时内，个别延续至 2 小时左右。如果治疗过迟，已见眼窝下陷、结膜苍白，则表明肠道已严重出血，多归死亡。

2. 剖检

腹部异常膨大，大量积水，呈黄褐色且较浑浊；胃内充满气体；瘤胃内容物呈泡沫样，皱胃有出血点，黏膜易剥离；肠系膜血管扩张，大部分小肠严重出血，小肠及盲肠内有大量棕褐色稀粥样血粪；脾脏有出血点；肝脏表现黄色和紫色相间，切面有多量血粪；胆囊扩张，充满胆汁。

3. 防治方法

（1）预防　绵羊剪毛前必须禁食 12～24 小时，更不能在禁食期间空腹饮水。天气突然变冷或较冷的雨天不要剪毛，更不能把剪过毛的羊放在暴雨中。对品质优良的种羊必须选择温暖晴朗的天气剪毛。另外，剪毛时必须对羊按常规的办法进行保定。

（2）治疗　该病治疗的原则是：镇痛、镇痉、镇静，强心利尿，解热、解毒，保肝，消炎抑菌。可用奥斯鸣 40 毫克，青霉素 160 万～320 万国际单位，混合，1 次静脉注射。

十四、感冒

感冒俗称"伤风"，是羊机体被寒冷袭击而引起的热性疾病。本病以患羊恶寒（怕冷）、发热、咳嗽、流涕为主要特征。病因主要是由于气候多变，管理不当，羊体虚弱，抵抗力降低，天气寒冷时外出放牧或放牧露宿，在外被雨淋和受寒风的侵袭，以及绵羊在剪毛或药浴之后受风寒，风热之邪乘虚侵入机体而引起。一年四季均可发病，尤以寒冷季节、早春、晚秋气候多变季节较为多见。

1. 症状

患羊表现恶寒（怕冷）、发热、咳嗽、流涕，精神不振，食欲差，反刍减少或停止。中兽医学根据病因和症状不同，又分为风寒感冒和风热感冒。风寒感冒恶寒重、发热轻，耳鼻四肢俱冷，背弓寒战，流清涕或有咳嗽，口淡多涎。风热感冒恶寒轻、发热重，口渴喜饮，皮温升高，鼻流浊涕，口红津少。

2. 诊断

根据病史、典型症状可以做出诊断，但须注意与流行性感冒相区别。普通感冒一般起病较缓，传播也慢。中度发热上呼吸道症状比较明显，而全身中毒症状较轻。流行性感冒在短时期内形成流行，起病急，发热，体温 39℃，可继发支气管炎和肺炎。

3. 防治方法

（1）预防　加强饲养管理，合理喂饲和饮水，适当运动，增强羊体抗病能力。在天气寒冷时不要在风雨天放牧，注意羊舍避风、遮雨、防寒、保暖。

（2）治疗

① 验方　葱白 10～20 克，橘皮 3～5 个，水煎，候温灌服。白茅根 15 克，鹅不食草 12 克，生姜 10 克，大蒜 5 克，水煎去渣，候温灌服。

② 中草药疗法　用紫苏叶、荆芥、桔梗、杏仁各 15 克，防风 12 克，水煎去渣，候温灌服。或用桑菊银翘散或银翘解毒丸 2～3 克，开水冲化，候温灌服。也可肌内注射柴胡注射液或板蓝根注射液 5～10 毫升，每日 2 次，连用 2～3 日。

③ 针刺疗法　穴位为耳尖穴，山根穴，尾尖穴，涌泉穴，滴水穴（以血针为主）。另用洗草口（简称洗口法），即在病羊的舌尖腹部通关穴（知甘穴）血针刺出血，清水淋洗后涂抹食盐。

十五、羔羊肺炎

通过呼吸道感染肺炎，是肺泡、细支气管及肺间

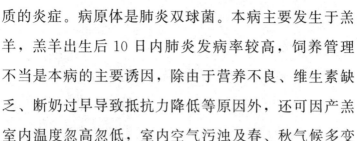

质的炎症。病原体是肺炎双球菌。本病主要发生于羔羊，羔羊出生后 10 日内肺炎发病率较高，饲养管理不当是本病的主要诱因，除由于营养不良、维生素缺乏、断奶过早导致抵抗力降低等原因外，还可因产羔室内温度忽高忽低，室内空气污浊及春、秋气候多变季节引起。冬季天气寒冷，羔羊在舍外因受凉感冒并发肺炎。微生物、寄生虫感染也可继发本病。

1. 症状

病羊精神不振，食欲减退或不食，阵发咳嗽，先干咳、后湿咳，眼结膜充血、流泪、有脓性分泌物。流脓性鼻涕，体温高达 40℃ 以上，呼吸迫促，胸部叩诊病灶部有浊音，听诊病灶部呼吸音减弱或消失，可能出现捻发音，脉搏快，重者呼吸困难，常造成死亡，死前抽搐。

2. 防治方法

（1）预防 加强羔羊的饲喂管理，喂足母乳，使羊吃饱吃好，增强体质，提高御寒能力，保持产房清洁和温暖，勤换垫草，保持干燥防潮湿，舍内保持恒定温度。在冬季羔羊出生的第 1 日，室内温度保持在 5～7℃，以后保持在 20℃ 以内。空气良好，防止羔羊受寒感冒。

（2）治疗

① 中草药疗法　用麻黄 10 克，杏仁 15 克，炙甘草 10 克，石膏 15 克，水煎，候温灌服。

② 西药疗法　祛痰止咳用氯化铵及碳酸氢钠各 1 克，混入饲料中喂给，1 日 2 次。如频咳有痛感，内服复方樟脑酊 5 毫升。严重病例用青霉素 10 万～20 万国际单位，链霉素 20 万国际单位进行肌内注射，1 日 2 次。或用 20％磺胺噻唑钠注射液，每次肌内注射 5 毫升，1 日 2 次。

十六、肾炎

肾炎是指肾小球或肾间质组织发生炎性病症。由细菌（主要为棒状杆菌，有的是大肠杆菌）通过尿路感染上行而到肾脏，引起肾脏炎症。也有是继发于胃肠炎、膀胱炎和子宫炎。此外，误食某些有毒、发霉腐败饲料，肾部受伤，特别是受寒或感冒等也可以诱发本病，很多病例在天气寒冷时发作或加重。成年公、母羊发病较多。

1. 症状

（1）急性肾炎　病羊表现为精神抑郁，食欲减退和反刍减少，体温升高，心跳加快而弱，脉搏强，站立使腰背拱起，后肢集于腹下后交叉开，不愿行走，行走时腰硬，后肢步态强拘，时而蹴踢腹下部，触诊肾区疼痛不安，伴有排尿姿势；尿量减少或几天不见排尿，尿液浓暗而浑浊，呈砖红色或褐黑色。尿液检验可见红白细胞，蛋白质含量增加，尿沉渣中有多量肾上皮细胞，尿圆柱比重增高。病后期眼睑、胸下、腹下和四肢等处有水肿。发生尿毒症时，食欲消失、痉挛、昏迷、呼吸急迫、呼出气和皮肤有尿臭味。

（2）慢性肾炎　肾炎多数呈慢性。症状与急性肾炎大体相同，但症状较轻，体温正常，毛焦体瘦，腹泻，排尿时拱背用力，尿呈淡红色，尿少，常有水肿，严重贫血。

2. 治疗方法

（1）中草药疗法　急性肾炎用灯心草 5 克，栀子、大黄、甘草梢各 10 克，木通、瞿麦、萹蓄各 15 克，车前子、滑石各 20 克（另包）共研细末，灯心草水煎冲滑石滤去渣，取汁灌服。慢性肾炎用桂枝、茯苓、泽泻、白术、陈皮、桑白皮各 10 克，共研细末，开水冲调，候温灌服。

（2）**西药疗法** 利尿消肿用双氢克尿噻0.5克内服，每日1～2次，连用3～5日。消除感染用青霉素40万国际单位肌内注射，每日2～3次，连用3～5日；链霉素100万国际单位，加注射用水10毫升，肌内注射，每日2～3次。尿毒症除用利尿合剂外，也可肌内注射卡那霉素，还可用碳酸氢钠注射液100毫升静脉注射。

十七、尿路结石

尿路结石称为"尿石症"，中兽医称尿路结石为"砂石淋"，羊膀胱尿道中结石的一种病症。其尿石的化合组成主要是碳酸钙、尿酸钙、硅酸盐或磷酸盐等结晶。其发病原因主要是由于舍饲，长期喂养单一的粗干草、麦麸、玉米及并未经去毒处理的棉籽饼等引起的；寒冬季节青饲料及维生素缺乏影响机体代谢也是促发本病的原因之一；尤其是饮硬水或饮水不足，易使尿浓缩及含石灰质过多时发生，公羊尿道较容易发生结石停留，发病率很高。

1. 症状

当羊膀胱、尿道存积有太多结石或结石粒较大时就会出现症状，排尿部分或全部障碍。羊发生尿道结石后，初期病羊表现痛苦不安，常做拱背努责排尿姿势，后肢向两侧伸开，频频排尿，但排尿困难，有时尿滴淋漓只能排出几滴尿，或尿滴中混有血液，严重病例完全排不出尿（尿闭）。若不及时救治，在后期往往因尿大量潴留膀胱发胀，压迫也难排尿，可引起膀胱破裂；病羊精神沉郁，体温降低，口流清涎，肌肉震颤，呼吸深而慢，脉搏弱而快，全身皮下水肿，并发生尿毒症状，常于4～5日死亡。

2. 诊断

诊断本病根据尿石充满尿道妨碍排尿症状、结合直肠检查可发现膀胱发胀，虽压迫也不排尿，确诊可借助尿液镜检或使用长头针通过直肠壁，或在腹下耻骨前缘刺入膀胱放出尿液，见浑浊杂砾石，即可确诊。

3. 防治方法

（1）预防 饲料必须合理配合。不要长期喂单一的饲料，多喂青绿多汁饲料，在饲喂前必须进行水洗，以降低其硅的含量，在冬季要搭配些青干草，春季喂些胡萝卜和豆科牧草，充分供应清洁饮水。换地放牧，增加活动。

（2）治疗　对本病单纯用药物治疗一般无效，配合采用外科结石排除法可望痊愈。

① 验方　海金沙 120 克，茜根草 250 克或金钱草 150～250 克，水煎灌服。同时要增加活动。

② 中草药疗法　鲜金钱草 100 克、鲜车前草 100 克、鲜海金沙 100 克，捣烂兑水或加水煎，取汁灌服。严重病例用金钱草 10 克，木通、灯心草、通草各 5 克，海金沙、酒黄柏、黄芩各 6 克，滑石 8 克，川牛膝、泽泻、甘草各 5 克，竹叶 6 克，水煎，1 次灌服。或用八正散加减：桃仁 12 克、红花 6 克、归尾 12 克、赤芍 6 克、香附子 12 克、海金沙 15 克、金钱草 30 克、鸡内金 6 克、广木香 9 克、滑石 12 克、木通 10 克、萹蓄 12 克，共研末，分 3 次，每次以 500 毫升开水冲调，候温灌服。以上诸药方每日 1 剂，连服 3 日。

③ 手术疗法　先用尿道探子小心移动结石，把结石块取出。如用此法治疗难以取得疗效时，可施行尿道切开手术疗法：病羊仰卧保定，术者探明结石所在部位后，在结石处稍前方的中线上方做 7 厘米长的纵行切口，然后钝性分离阴茎腹侧周围的疏松组织；

完全暴露阴茎后，再用手指触查尿道结石所在部位，在结石处稍上方做一切口，切口的大小以能拿出结石为准，一般1厘米左右；其切口的位置必须在中线上，否则会切到阴茎两侧的海绵体而引起出血；术者用拇指和食指尖掐住结石块，将结石顺切口挤出，除去结石块，放出尿液后，其内外切口不必缝合，但必须每天冲洗消毒切口，以利愈合。

导尿工具应柔软、光滑，尤其是头部须圆滑，同时应涂以石蜡或凡士林润滑油。

为防止感染，排除结石后适当使用利尿剂、尿道消毒剂（乌洛托品）、抗生素如庆大霉素，按每千克体重1000～1500国际单位，或四环素按每千克体重5～10毫克，也可用20％磺胺嘧啶钠注射液5～10毫升，均肌内注射，每日2次，连用3～5日，同时多给饮水。

④ 膀胱破裂治疗　当直肠检查辨别不出膀胱形态，只在腹腔尿液中发现浮动的小肠和肠系膜时，可用膀胱插管及膀胱缝合术治疗。

十八、中暑

中暑是日射病、热射病的统称。日射病是由于炎热夏季，羊长时间在日光下放牧，强烈日光直接照射羊的头部引起脑及脑膜充血、中枢神经系统过热而致呼吸中枢及血管运动中枢麻痹，发生神经功能障碍的病症。热射病是由于外界气温过高时，羊在闷热环境时间过长，羊只散热困难，热在羊体内积蓄而引起中枢神经系统功能紊乱的病症。羊在炎热暑天长途运输，由于车厢里拥挤、通风不良、闷热运输等，热在羊体内积蓄而导致发病。绵羊较山羊多见。

1. 症状

中暑羊突然发病，病初精神萎靡，体温升高，心跳加快，倦怠。绵羊有时围圈打团，向中心拥挤；头部发热，出汗；继而步态不稳，四肢发抖，张口伸舌，鼻孔开张，口鼻流泡沫状唾液，呼吸急迫，肌肉颤抖。有的病羊神经功能紊乱，出现兴奋不安、畏光、心跳加快，心跳 100 次以上；脉搏细弱，黏膜充血；体温达 40～42℃ 以上；眼结膜潮红，后期变蓝紫色，瞳孔先散大，后收缩。病后期常因虚脱而卧地不起，有的突然倒地，呈昏迷状态，全身震颤，如不及时救治常在数小时内因心脏麻痹而死亡。间或也有不表现明显症状而突然死亡的。

2. 防治方法

（1）预防 炎热中午不要放牧，而在阴凉通风处休息，可早出晚归。给羊充足饮水，羊的栏舍保持干燥通风，夏季要做好羊防暑降温工作，羊中暑后及时救治。

（2）治疗 迅速将中暑羊转移至阴凉通风处，用凉水淋浇头部或灌肠，或将羊赶至水中，使散热至常温为止。

① 验方 西瓜 1～2 千克（去籽捣碎），白糖 50～100 克，混合凉水 500～1000 毫升，1 次灌服。十滴水 3～5 毫升，加水 100 毫升，1 次灌服。仁丹 1～2 包，研碎，水调灌服。甘草、滑石各 30 克，共研为细末，绿豆水（放凉）为引，调和，1 次灌服。

② 中草药疗法 用清暑香薷饮，藿香、香薷、青蒿、陈皮、佩兰各 10 克，知母 8 克，杏仁 5 克，滑石、生石膏各 15 克，水煎去渣，候温灌服。或用连翘、知母、栀子各 12 克，银花 9 克，生石膏 10～15 克，生甘草 6 克，共研细末，开水冲调，候温灌服。

③ 西药疗法 用樟脑酊 20～30 毫升，加水 100

毫升，1次灌服。严重中暑、改善心脏功能用复方生理盐水 250～500 毫升、安钠咖 0.2～0.5 克、5％碳酸氢钠注射液 50～100 毫升，静脉注射。呼吸衰竭用尼可刹米注射液 1～2 毫升（含量 0.25～0.5 克），肌内或静脉注射。

④ 血针疗法　放通关穴，洗草口，并针刺耳尖、尾尖、山根等血针穴位急救。根据病羊大小及营养状况适量放血（一般放血 80～200 毫升），同时静脉输入生理盐水或糖盐水 500～1000 毫升。

十九、佝偻病

佝偻病是羔羊由于在母羊体内或出生后发育期间因维生素 D 缺乏或不足，体内钙、磷代谢障碍而引起骨质组织钙化不全的营养代谢性疾病。这种病的原因主要是母羊妊娠后期及哺乳期的饲料过于单一，饲料中缺乏维生素 D，直接影响钙、磷吸收和饲料中钙、磷比例不当。钙、磷代谢障碍导致骨骼变形等疾病。此外，日照不足，以致哺乳羔羊体内维生素 D 缺乏，圈舍潮湿阴暗、消化不良、寄生虫病、先天发育不良等因素而阻碍钙、磷的吸收，均可诱发本病。多发病于冬末春初。

1. 症状

患羊病初主要表现生长迟缓,有异食癖,消化机能紊乱,食欲减退,喜卧,不愿活动,出现跛行,下颌骨肿胀、变形,前后肢软弱,无力,关节肿大,触诊关节有痛反应,站立时频频换脚,肢体交叉,弯腕向外开,突然卧地和短期痉挛,继则跪地爬行。重症者卧地采食,排便。后期四肢弯曲变形,关节肿大,拱背不能动弹,出现肌肉萎缩,喜卧,近胸骨端呈念珠状肿大,触诊有痛感。羔羊出牙期延长,齿形不规则,逐渐消瘦,贫血,常继发胃肠道疾病,脉搏、呼吸次数增加。但体温一般正常。病程较久,可达1~3个月。

2. 诊断

可根据病史和骨质变形确诊。

3. 防治方法

(1) 预防和护理 加强饲养管理,加强运动和放牧,羊舍保持宽敞、通风、透光,增加羔羊的日照时间,注意按饲养标准给予正确日粮和多给青绿饲料,应避免长期饲喂单纯饲料,合理增加适量骨粉、微量元素,以保证钙、磷比例正常。对妊娠母羊应注意补充矿物质和维生素 D。对不能起立的病羊应多垫草，勤翻羊体，防止发生褥疮。

（2）治疗

① 验方 喂服苍术末（内含维生素 A、维生素 D），羔羊每次 5～10 克，日服 2 次，连服数日。

② 中草药疗法 麦芽、神曲、焦山楂各 60 克，当归、白芍、炒食盐各 10 克，共研细末，喂服。或用焦山楂、神曲、麦芽各 60 克，蛋壳粉（蛋壳烘干研末）120 克，混匀后，每只羊 12 克掺饲料喂服，连服 1 周。

③ 西药疗法 维丁胶性钙注射液 2 毫升，肌内注射或皮下注射，每日 1 次，连用 3～5 日。精制鱼肝油 3～4 毫升灌服或肌内注射，每日 2 次，连用 2 周。为了补充钙制剂，用碳酸钙 5～10 克和乳酸钙 0.5～1 克灌服。或用 10%氯化钙溶液 5～10 毫升，10%葡萄糖酸钙注射液 5～10 毫升，静脉注射。

对严重四肢关节变形的病羊，宜用竹板固定矫形，促进关节康复。

二十、闹羊花中毒

闹羊花即杜鹃花科植物羊踯躅，又名黄杜鹃、闷头草、八厘麻等。主要分布于长江以南各省，生长于山坡林缘、灌木丛中。每年 4～5 月开花，花、叶、根部都含有桉木毒素、杜鹃花素等成分。羊等草食动物放牧时，误食闹羊花的花叶，其有毒成分桉木毒素、杜鹃花素侵入羊体内而发生中毒。

1. 症状

羊在采食闹羊花数小时后发病，表现四肢发软、走路摇摆、似醉酒状，口吐白沫，磨牙，心跳加快，节律不齐；腹痛不安，粪便稀薄，带有黏液和血丝。严重者瞳孔散大，体温下降，精神极度萎靡，最后昏迷致死。

2. 诊断

根据病羊 4～5 月期间羊在有闹羊花地区的放牧接触史和临床症状做初步诊断。确诊需对胃内毒物进行测定。

3. 防治

本病目前无特效疗法，防止羊在生长闹羊花地方放牧，以免羊接触误食而中毒，若羊误食闹羊花中毒可选用以下方法试治。

（1）验方 轻度中毒，用 50% 红糖水 500～600

毫升，1次灌服；或用绿豆 100 克，甘草 10 克，共煎成绿豆甘草汤，去甘草药渣，加鲜鸡蛋 2 个混匀，1次灌服。

（2）西药疗法　中毒者需肌内注射 20% 安钠咖注射液 3～5 毫升，皮下注射硫酸阿托品注射液 3～5 毫升；磺胺脒、药用炭 5～7 克，加水适量灌服，每日 1 次，连用 3 日。伴发胃肠炎，还可肌内注射庆大霉素 8 万～10 万国际单位。

（3）针刺疗法　针刺耳尖（出血）、山根、百会等穴。

二十一、亚硝酸盐中毒

羊亚硝酸盐中毒又叫"饱稍症"，当反刍动物采食多量白菜、油菜、菠菜、萝卜、南瓜、甘薯藤叶、牛皮菜、莴笋叶皮、茄子及野菜等富含亚硝酸盐的饲料，且在加工调制过程中方法不当，如蒸煮不透、煮焖在锅内堆积发酵、温度保持在 40～60℃，导致硝酸盐还原菌大量繁殖，将饲料中硝酸盐还原为亚硝酸盐，羊采食含有硝酸盐的饲料、草，经瘤胃微生物作用变成亚硝酸盐进入血液，使血管扩张、血压下降，毒物被胃黏膜吸收进入血液，与血红蛋白结合，形成变性血红蛋白，破坏组织氧化工程，使原来的血红蛋白生成高铁血红蛋白血液，丧失带氧功能，造成组织缺氧，呼吸中枢麻痹，窒息死亡。发霉青饲料中的硝酸盐也可变成亚硝酸盐，羊吃后也可引起中毒。

1. 症状

羊采食后 1～5 小时后突然发病，表现呆立，垂头沉郁，早期尿频，不食，下痢，腹痛，病初呼吸高度困难，心跳加速，血液黏稠，呈咖啡或酱油色，瘤胃高度弛缓臌气，耳、鼻、四肢发凉，皮肤苍白带青，肌肉震颤，结膜发绀，脉搏急速细弱，尿多，过度流涎，呕吐；病后期出现强直性和阵发性痉挛，角弓反张，头向后仰，步态不稳。后期体温下降，躯体末梢部位、四肢、耳、鼻冰冷，卧地不起，口吐白沫，常于 12～24 小时内死亡。一般慢性中毒病羊表现发育不良，下痢，跛行，走路强拘，虚弱，种羊受胎率低，流产。

2. 剖检

羊亚硝酸盐中毒死亡快，内脏多无明显变化，主要特征是血液呈酱油状，暗褐色，不易凝固，胃底、幽门部和十二指肠黏膜充血、出血。病程稍长者，胃黏膜脱落或溃疡，气管和支气管有血样泡沫，肺有出血或气肿。心外膜有点状出血，肝、肺呈蓝紫色。淋巴轻度出血。

3. 诊断

根据病羊喂饲情况、临床症状和剖检病变的主要特征即可诊断。

4. 防治方法

（1）预防 对羊亚硝酸盐中毒的预防主要是改善青饲料的堆放和蒸煮过程。利用白菜等青绿饲料喂羊时，要洗净生喂；对堆积的青绿饲料要经常翻晾，受雨淋腐烂变质的青绿饲料和菜叶不能喂羊，以防止中毒。

（2）治疗 严重中毒时，立即羊耳静脉和断尾尖放血。并用以下药物及治疗方法。

① 中药解毒汤 用生甘草末 50 克、绿豆粉 100 克磨成细末，开水冲溶，候温灌服。

② 西药疗法 1％美兰液（美兰 1 克、纯酒精 10 毫升、生理盐水 90 毫升）按每千克体重 0.1～0.2 毫升，静脉注射，并用 10％葡萄糖注射液 250 毫升、维生素 C 0.4 毫升、25％尼可刹米注射液 3 毫升，静

脉注射。

③ 针刺穴位法 主穴：耳尖穴、尾尖穴、天门穴、后海穴（交巢穴）、脾俞穴；配穴：鼻俞穴（过梁）、后蹄头穴；血针：耳尖穴、尾尖穴放血。

二十二、氢氰酸中毒

羊氢氰酸中毒是由于羊采食了过量的富含氰苷配糖体的青饲料，如高粱苗、玉米苗、杏树叶、桃树叶、亚麻叶、桃仁、杏仁等均含有氰苷配糖体，在胃里由于酶的水解和胃液中盐酸作用，产生游离的氢氰酸，与细胞含铁呼吸酶结合，阻碍了传递氧的机能，造成血液中氧气不能利用而发生中毒。该病的主要特征为发病急促，呼吸困难，流口水，伴有肌肉震颤等组织中毒性缺氧症状。

1. 症状

羊采食含氰苷的饲料以后，15～20分钟出现症状，表现腹痛不安，口流出白色泡沫状唾液，腹痛，瘤胃臌气，全身痉挛，震颤，惊厥，眼结膜潮红，呼吸加快和呼出带有苦杏仁味气体；病后期沉郁，行走不稳或倒地，心尖搏动徐缓，脉搏细弱，呼吸浅微，体温下降，瞳孔散大，全身反射减弱或消失，后肢体麻痹，肌肉痉挛，最后极度衰竭和呼吸麻痹、昏迷而死亡。

2. 剖检

剖检可见尸僵不全，血液呈鲜红色，凝固不良，口腔有血液泡沫。气管和支气管黏膜有出血点，并有泡沫状液体，肺充血，水肿，心内、外膜有点状出血，肺水肿，胃内容物有苦杏仁味，胃肠黏膜有出血和充血点。

3. 诊断

根据采食情况及临床症状可进行初步诊断。确诊需经过剖检，对死后 3 小时羊的胃内容物进行毒性分析，需证明氢氰酸存在。

4. 防治方法

（1）预防　平时加强饲料管理，禁止在含有氢苷配糖体的植物地区放牧。喂饲含有氢苷配糖体的高粱、玉米等饲料时应先放于流水中浸泡 24 小时，或漂洗后经发酵再饲喂，但一次不宜喂过多，以免中毒。

（2）治疗

① 西药疗法　发病后迅速用亚硝酸钠 0.2 克，

加入10%葡萄糖注射液50～100毫升，缓慢静脉注射；然后再用10%硫代硫酸钠溶液10～20毫升，静脉注射。也可配口服液0.1%高锰酸钾溶液100～200毫升；或内服10%硫酸亚铁溶液10毫升，同时肌内注射1%安钠咖注射液5～10毫升，皮下注射硫酸阿托品注射液2～4毫升，以强心止痛。为使病羊较快恢复健康，还可大剂量地使用维生素C与葡萄糖注射液静脉输入。

②针刺疗法　放尾尖、耳尖静脉血，后针刺山根穴、蹄头穴、太阳穴、天门穴。

二十三、棉籽饼中毒

棉籽饼是产棉区养羊的主要蛋白质补充饲料，饼粕中可被羊体消化吸收的热能相当于或高于粮食，还可降低成本，是重要的蛋白质来源。但由于棉籽饼和棉叶里含有毒成分棉酚，如果长期应用大量棉籽饼、皮、仁饲喂羊时可引起中毒。当饲料中维生素、矿物质、青绿饲料缺乏时，可发生吃食棉籽的情况，而羊羔、幼羊、妊娠和泌乳母羊对棉酚比较敏感。如长期大量食入未经过处理的棉籽饼以及发霉变质的棉籽饼后，易在肝脏中蓄积，可引起哺乳羊羔患病。

1. 症状

棉籽饼中毒有潜伏期。病羊轻度中毒表现消化机能障碍，多数以出血性胃肠炎症状为主，食欲减退或废绝，排出黑褐色粪便，先便秘后拉稀，粪恶臭，混有黏液或血液；衰弱、贫血、食欲废绝、下痢。严重中毒时体温升高，心肌亢进，心跳快而弱，呼吸困难，鼻腔流出浆性液体，粪便带有血液，排尿困难，有时带有尿血。毒素损害神经系统时出现痉挛、步行不稳等，有的发生水肿，同时出现咳嗽、气喘和流泡沫性鼻液。

2. 剖检

剖检中毒羊可见皮肤出现充血，兼有红色出血点或红斑，喉有出血点，气管含有黄色泡沫样液体，并有出血点。肺水肿，切面有淡黄色泡沫，肝、肾、心肌、胃肠黏膜有不同程度的出血斑点，全身淋巴结肿大。

3. 诊断

根据羊吃棉籽饼病史和胃肠炎、排便黑褐色、粪恶臭、混有黏液和血液等临床症状及剖检病变综合分

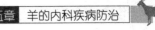

析，可做出诊断。

4. 防治方法

（1）预防　要防止长期单一饲喂棉籽饼，即限制棉籽饼的喂量，以喂混合饲料为主，使用棉籽饼时，日粮中增加青绿饲料与棉籽饼配合。禁用腐败、发霉的棉籽饼做饲料，对妊娠母羊和羔羊应禁喂这种饲料。为了防止棉酚在羊体内蓄积，应对棉籽饼解毒处理，同时还要控制喂量，连续饲喂 2 个星期后需要停喂 1 个星期，以减小毒力。棉籽饼去毒主要有以下几种方法。

① 石灰水去毒　将粉碎的棉籽饼用 5％石灰水浸泡 2～4 小时，与石灰水的质量按 1∶（5～7）处理后倾出上液，然后用清水洗后拌入其他饲料中饲喂。

② 水煮去毒　将棉籽饼粉碎后放入锅中，加适量的水煮沸，煮时常搅动，沸腾半小时，冷却后即可喂羊。用这种方法棉籽饼粒在饲料中占 30％。

③ 硫酸亚铁去毒　硫酸亚铁俗称"青矾""绿矾"，用量一般占棉籽饼的 1％～2％。用时将硫酸亚铁干粉拌入棉籽饼中，也可配成硫酸亚铁水溶液将棉籽饼浸泡 3～4 小时后，连浸泡液一起饲喂，可以去

毒，又可增加料中的铁元素。用来处理棉籽饼的硫酸亚铁要干燥，密闭保存，防止氧化变红。硫酸亚铁水溶液要用冷水配制，现配现用。

④ 尿素去毒　在大瓷缸中倒入 400 千克水和 4 千克尿素，配成 1% 尿素溶液。再用一个瓷缸倒入 100 千克棉籽粉、200 千克尿素溶液，搅拌均匀后，放塑料布上用木锨平摊开推晒，要不断翻动，直至晒干。

（2）治疗　目前对此中毒尚无理想的治疗药物，主要采用破坏毒物、加速毒物排出及对症方法。

为了破坏毒物，加速其排出，可用 1:（3000～4000）的 0.2% 高锰酸钾溶液或 5%～10% 碳酸氢钠溶液洗胃或灌肠。喂服硫酸镁 30～80 克或蓖麻油清除胃肠的内容物。

对症疗法：为了阻止渗出，增强心脏功能，补充营养和解毒，可静脉注射 25% 葡萄糖注射液、10% 安钠咖注射液和 10% 氯化钙溶液等。

针刺穴位：主穴为耳尖穴、尾尖穴、天门穴、脾俞穴；配穴为三里穴、苏气穴、百会穴、后海穴（交巢穴）。

二十四、黑斑病甘薯中毒

黑斑病甘薯（因甘薯储藏管理不当，受湿热的熏蒸而发霉腐烂变质）是由黑斑病菌（真菌）寄生在甘薯表层，引起甘薯块变干硬，病部有圆形或不规则黑色或褐色斑点，且表面凹陷。这种黑斑病甘薯的真菌能够产生一种有毒的苦味物质，羊吃了大量的黑斑病甘薯将引起中毒性疾病，突然发病，冬春多发。

1. 症状

临床症状以极度呼吸困难为特征。绵羊中毒时，体温升高，呼吸、脉搏增快，呼吸困难，发出"吭吭"声。粪便发软，常有黏液，尿量减少。严重时，口鼻流出白色泡沫，舌色乌黑，脉搏无力，心音微弱，打颤，7～10日后死亡。

山羊中毒时，脉搏可增高达 170 次/分钟，呼吸可增加到 120 次/分钟，腹部发胀，拱背站立，咳嗽、喘息，发出"吭吭"声，大便带有黏液、血丝，甚至带有脓液块，鼻流少量水样液，尿量少，心力衰竭而死亡。

2. 剖检

血液呈紫黑色，肺气肿、水肿，心脏扩大、出血，肝、脾出血。

3. 诊断

根据羊吃甘薯病史和耳、鼻、四肢发凉，心跳快、张口伸舌，食欲减退或废绝等临床症状及剖检病变，即可确诊。

4. 防治方法

（1）预防　加强甘薯的保管和储藏，防止发霉腐烂，已霉烂的甘薯应妥善处理，防止羊只采食，以免中毒。

（2）治疗

① 验方　生绿豆（去壳研碎）、蜂蜜各 100 克，混合 1 次灌服，连服 2～3 日。

② 中草药疗法　贯众 45 克、甘草 40 克，加水煎汁，1 次内服，连服 3～4 次；或金银花 10 克、土茯苓 8 克、瓜蒌根 8 克、葛根 12 克，加水煎汁内服，1 日 1 剂，连服 3～4 次；或白矾散：白矾、贝母、白芷、郁金、黄芩、大黄、葶苈、甘草、石韦、黄连、龙胆各6～9 克，蜂蜜 30 克为引，水煎，调蜜灌服，连服 3～4 次。

③ 西药疗法　中毒早期可用氧化剂及泻剂，用

1%～2%双氧水洗胃，或用硫酸钠 60～80 克加水 1
次灌服。静脉放血 50～100 毫升，然后输液 20%～
40%葡萄糖注射液 100 毫升，5%碳酸氢钠溶液 50 毫
升，1 次静脉注射。肌内注射强力解毒敏 10～20 毫
升，肝泰乐注射液 4～8 毫升，肌苷注射液 4～10 毫
升，以解毒保肝。肌内或静脉注射 10%～20%硫代
硫酸钠注射液 30～50 毫升及 5%抗坏血酸 5～10 毫
升，1 日 1 次，连续注射 2 日。心脏衰弱时皮下注射
25%安钠咖注射液 0.5～1 毫升。

二十五、急性瘤胃酸中毒

由于采食饲养管理不当，羊精饲料或谷物饲料过
多，或羊偷吃大量玉米粉、大麦、甘薯等富含碳水化
合物的精料，或长期饲喂酸度过高的青贮料引起羊的
瘤胃内容物发酵产生大量乳酸而导致羊以瘤胃炎为主
的全身性瘤胃酸中毒病。

1. 症状

（1）最急性病例　羊在 1 次食用大量玉米粉等精
料后，常在无任何症状情况下于采食 1～3 小时内突
然死亡。

（2）急性病例　多数病例表现精神沉郁，行动迟缓，目光呆滞，不愿走动，步态不稳，不断起卧，体温升高。随着病情的发展，病羊出现呼吸急促、浅表而快，每分钟40～60次，有时张口伸舌或气喘，心跳加快，每分钟达100次以上，肌肉发生阵发性痉挛。反刍停止和食欲废绝，鼻镜干燥，瘤胃充满液状内容物，瘤胃蠕动极弱或停止，耳、鼻、四肢末端发凉，如不及时抢救常于3～5小时内死亡。

（3）慢性病例　病情发展缓慢，病羊精神沉郁，食欲废绝，反刍停止，有的排黄褐色黏性稀粪，甚至带有血液。少尿或无尿，鼻镜干燥无汗，眼珠下陷，肌肉震颤，走路不稳，有的四肢强直，卧地不起。双目紧闭，头有时向背部弯曲，或甩头、呻吟、磨牙，体温正常或稍高，严重时心跳加快，每分钟可达100次以上，伴发肺气肿。

2. 诊断

根据有采食过量精料的病史和临床症状，瘤胃液pH值通常在5以下，及粪尿呈酸性等做出诊断。

3. 防治方法

（1）预防　加强饲养管理，控制精料的喂量，一定要加喂适量优质干草，使精料与粗饲料合理搭配。青贮料酸度过高时，经过碱处理后再喂（加适量澄清石灰水或碳酸氢钠溶液中和酸性），能有效防止本病的发生。一般每只成年羊精料喂量达1千克以上时就可发病，每日喂玉米粉1.5千克时，其发病率几乎达100％。在干草不足时更要注意严格控制精料喂量，空腹时不要喂精料。

（2）治疗

①验方　用石灰水（生石灰1份，加水10份，充分搅拌，待沉淀后，取其上清液）洗胃，或用2％碳酸氢钠水溶液洗胃，以中和瘤胃中的乳酸及其他挥发性脂肪酸。

②中草药疗法　当归、肉苁蓉、柴胡、升麻、枳实、党参、火麻仁、番泻叶、银花、连翘、苍术、白芷各10克，木香8克，甘草5克，水煎服，每日1剂，连用2～3日。用以上治疗如果不明显时，特别是因进食大量谷物或精料而致病的，则需要尽早施行瘤胃切开术，取出胃内容物，才可解决问题。

③西药疗法　为了防止继发感染，控制和消除炎症，可肌内注射青霉素、链霉素或庆大霉素等。病羊不安、严重气喘或休克时，可静脉注射山梨醇或甘

露醇,剂量 100~150 毫升,每日早、晚各 1 次,病羊全身中毒减轻,脱水有所缓解。若仍卧地不起,可适量注射水杨酸类和低浓度(5%以内)钙制剂。

④ 瘤胃切开术 对大量采食谷物或精料,用上述疗法无法排除胃内容物时,则需尽早施行瘤胃切开术,取出胃内的食物。

二十六、有机磷农药中毒

目前广泛使用的农药大多是毒性强烈的杀虫剂,羊误食被有机磷制剂农药污染的饮水和草料,或用于治疗羊体虱方法不当,常引起羊有机磷农药中毒,以神经过度兴奋为特征。有机磷农药中含有机磷酸酯类化合物,对羊体毒性差异很大,最常见有"1605"(对硫磷)、"1059"(内吸磷)、"3911"(内拌磷)、乐果、敌敌畏和敌百虫等。有机磷酸酯类是一种剧毒物,具有高度的脂溶性,经呼吸道、消化道会被很快吸收,还可经皮肤黏膜渗入到羊体内后,通过血液和淋巴运送到全身各器官而导致中毒。

1. 症状

羊误食有机磷中毒后 1~3 小时内临床出现流涎、

腹泻、肌肉强直性痉挛等症状，分为轻度中毒、中度中毒、重度中毒。

（1）轻度中毒 病羊表现为食欲不振，出现流涎，呕吐疝痛，出汗，流泪，腹泻，有时大便带血，尿失禁，瞳孔缩小，心律迟缓，呼吸困难，可视黏膜发炎，严重者肺水肿。

（2）中度中毒 除上述症状加重外，还表现为肌纤维振动，严重者全身抽搐，痉挛，呼吸肌麻痹，窒息而死亡。

（3）重度中毒 病羊表现兴奋不安，体温升高，结膜出血，耳静脉怒张明显，全身震颤，冲撞蹦跳以致倒地不起，呼吸困难，心跳加快，口吐白沫，烦躁不安，瞳孔缩小，对光反射消失，最后抽搐痉挛，大小便失禁。常因肺水肿和心脏麻痹而窒息死亡。

2. 剖检

剖检中毒死亡羊无一定病理变化，以肝、肾、脑的变化较明显，肝脏充血，肝、胆囊肿大，肾脏瘀血。肺瘀血水肿、胸膜有散点状出血。胃肠黏膜出血，胃内容物有大蒜味。脑可出现水肿、充血。

3. 诊断

根据病羊的毒物接触史和临床症状，呼出气、呕吐物或体表有特异的蒜臭味即可做出诊断。确诊需要对胃内容进行毒物分析，并测定胆碱酯酶活性。

4. 防治方法

（1）预防　切实妥善保管农药和清洗处理好喷洒有机磷农药的机械，防止羊舔食。喷洒过有机磷农药的蔬菜和农作物在两周内用清水冲洗干净才能喂羊。应用有机磷杀虫剂驱虫时，要严格掌握剂量浓度和使用方法，以防中毒。

（2）治疗

① 中草药疗法　甘草 120 克，绿豆 300 克，水煎灌服；或银花、甘草各 120 克，明矾 40 克，水煎灌服。出现有机磷中毒后遗症时，用法半夏 15 克、陈皮 12 克、茯苓 20 克、竹茹 9 克、枳实 12 克、甘草 9 克、生姜 9 克、大枣 9 克，水煎，候温灌服。

② 西药疗法　喂服碳酸氢钠和木炭末各 30～150克，或用清水洗胃。然后灌服盐类泻剂，如硫酸镁或硫酸钠 30～40 克，加水适量，1 次灌服，清除胃肠内的毒物。

应用特效解毒药物如解磷定、氯磷定，用量按每千克体重 15～30 毫克，溶于 100 毫升 5％葡萄糖溶液，静脉注射，每隔 3～4 小时注射 1 次，剂量减半。轻度中毒可肌内注射硫酸阿托品注射液，按每千克体重10～30 毫克剂量。若中度和重度中毒，症状不减轻，可应用解磷定和硫酸阿托品，二者合用，尽早按前述药量重复使用。

对症治疗以增加治疗效果，如严重腹泻、大出汗，应注意补液，但肾上腺素、毛地黄等强心类药物应慎用，以免加重羊的心脏负荷。

③ 针刺穴位　主穴：耳尖穴、尾尖穴、天门穴、后海穴（交巢穴）、脾俞穴；配穴为鼻俞穴（过梁）、蹄头穴。

二十七、磷化锌毒鼠类药中毒

牧区群众在草原上常用毒鼠药拌谷子消灭老鼠，羊在放牧时容易误食或吃食被磷化锌污染的饲料。较常用的是磷化锌和安妥，这些鼠药对羊等家畜的毒性很强。磷化锌为暗灰色带光泽的粉末，毒性的产生是由于进入胃内后与酸物质作用，放出磷化氢气体，带有磷化氢的臭味（似大蒜味）。食入后，可引起胃肠黏膜炎症、充血、溃疡、出血等，吸收入血液后，破坏机体代谢，并作用于内分泌及神经系统。毒物经肝解毒，经肾、肠排泄，故可引起肝、肾损伤。

1. 症状

急性中毒时，病羊约经 2 小时即表现低头发呆，精神萎靡，食欲废绝，反刍停止，结膜苍白，口腔黏膜呈蓝紫色，口吐白沫，腹痛，呕吐，吐出物和粪便发出蒜臭味。病重者立即死亡。较重者表现抽搐，意识障碍，全身痉挛，呼吸困难，心跳变慢，不久麻痹，一般 2～3 日昏迷，全身虚弱，最后窒息而死。慢性中毒症状为精神倦怠，沉郁，低头发呆，全身虚弱，打寒颤，随即废食，呼吸困难及眩晕。

2. 剖检

中毒羊被切开后，胃散发出一种带磷化氢蒜味的特异臭气，胃黏膜呈黑红色、坏死脱落，肝、肺瘀血、水肿，血液呈暗红色，气管充满泡沫样液体。

3. 诊断

根据临床症状和剖检病变较难与其他毒物相区分，应以毒物化验结果为确诊依据。

4. 防治方法

（1）预防　加强毒鼠药物管理，必须严格禁止使用任何毒鼠药，以免污染饲料，被羊误食。

（2）治疗　用 0.1％高锰酸钾溶液洗胃，使服下的磷化锌转变为磷酸盐；用 1％～2％硫酸铜溶液 20～50 毫升催吐解毒，使之转变为无毒的磷化铜沉淀。通便、导泻，灌服如硫酸钠等盐类泻剂。静脉注射高渗葡萄糖溶液 100 毫升，三磷酸腺苷、辅酶 A 等适量，以改善循环并保护肝脏。

第六章
羊外科、产科疾病防治

一、创伤

羊受到各种机械器具及咬、踢、抵等外力作用造成的伤痕，使羊体皮肤黏膜及其以下的软组织发生破裂或缺损，还有的被铁钉、竹屑、玻璃等刺伤，使局部皮肤（黏膜）破损、出血、疼痛，均称为创伤。创伤根据时间长短和是否感染可分为新鲜创和化脓性感染创两种。新鲜创包括：切创、刺创、砍创、挫创、擦创、撕裂创、家畜咬伤等。创口内有大量细菌侵入，就可发生感染，出现化脓性炎症。

1. 症状

新鲜创有创口裂开、出血、疼痛的共同特点。一般说来，创口越大，创伤越深，裂口就越大，越易引起感染，愈合也越慢，血管越易受损伤。出血的多少决定于受伤部位和创口大小及深浅，一般毛细血管出血和小静脉出血，可自然止血。毛细血管出血时，血液由整个伤口渗出。小静脉出血时，色暗赤，一般易于止血。重度剧烈创伤有不同程度的全身症状。

化脓性感染创是指创口内有大量细菌侵入，出现化脓性炎症的创伤。引起化脓性感染创的细菌主要是葡萄球菌和链球菌，绿脓杆菌和大肠杆菌比较少见。化脓性感染创在化脓期，创缘创面肿胀、疼痛，局部温度增高，从创口不断流出脓汁或在创围堆积成很厚的脓疤。创伤较浅时，随着急性炎症的消散，脓汁形成逐渐减少或停止。创腔深而创口小或创内有异物，创囊时有发生脓肿或引起周围组织的蜂窝织炎。化脓性炎症有时出血，发展到一定阶段，炎症逐渐消退，脓液减少，创口出现粉红色颗粒状的肉芽组织，并迅速生长，填充创腔，然后以上皮覆盖形成瘢痕而愈合。创伤未及时治疗，病羊有时会出现全身症状，如体温升高，白细胞增多，甚至发生败血症。

2. 诊断

根据临床症状，注意区分新鲜创面和化脓性创面，采取不同疗法。

3. 防治方法

（1）预防 平时加强饲养管理，避免羊受到外伤。

（2）治疗

① 新鲜创疗法　羊体组织、器官内由于有脓汁积聚而形成脓肿，主要病原是葡萄球菌、链球菌、绿脓杆菌等。当尖锐物体刺伤或注射和手术局部造成污染，各种化脓菌通过损伤的皮肤进入组织而引起脓肿。首先要创伤止血，新鲜创出血后，要止血和防止感染。止血常用方法为填塞、包扎止血。对毛细血管出血还可用外用药和全身性止血药等。包扎时，一般用灭菌纱布等填塞创口，然后进行包扎。四肢部位出血时，可在出血部上方用绳缠扎止血，或在创口扎布处用止血药。如有创口大出血，必须注射止血针，再用消毒纱布盖住伤口，剪去创口周围的被毛，用3％来苏儿液等擦拭干净，涂布5％碘酊；并要清理创腔，取出创口内异物和血凝块后用生理盐水等充分冲洗创腔，也可撒布消炎粉或青霉素粉。创伤浅而小、不影响愈合的，可不缝合，行开放疗法；创口大、裂开严重的，应采取缝合和包扎。对外科处理彻底、创面整齐、便于缝合的创伤，可不用药。如果创缘不整，先进行创缘修整，以利创伤的愈合。裂开严重不能缝合且污染严重的创口，应撒布少量磺胺消炎粉或

青霉素粉；也可用中草药如防腐生肌散（头发灰和冰片各1份，甘石3份）共研细末，或蒲黄粉（地榆、蒲黄、白及各等量，共研细末）外用。如果需要包扎时，可用数层灭菌纱布，外覆棉花，贴于创部，再用绷带固定即可。

② 化脓性感染创疗法 首先是清洁创口周围。按新鲜创疗法清洁创围，对已化脓感染的创伤排尽脓汁，清除异物和坏死组织，然后用0.1%雷夫奴尔液、0.1%高锰酸钾溶液、3%过氧化氢溶液、0.01%新洁尔灭液等任选一种反复冲洗创腔，直至将脓液冲洗干净为止。创囊很大时，可撒布3%磺胺结晶粉，必要时可在创腔最低位开始排脓，再用碘纱布引流，以保证排脓畅通。有些创伤化脓感染严重有全身症状时，可用抗生素疗法，肌内注射青霉素、链霉素或磺胺类药物进行治疗，每日2～3次。深部脓肿、严重脓肿已成熟，这时应及时行切开手术。切开目的为排除脓汁，不可强加压挤。然后按化脓性感染创处理切口的位置、大小、方向，有利于脓汁的自然排流，再用3%双氧水或0.1%高锰酸钾溶液冲洗干净，涂布松馏油软膏。

③ 肉芽创疗法 肉芽创的治疗采取清理创围后

用生理盐水轻轻清洗创面的方法，然后局部用氧化锌软膏和加维生素 D 的鱼肝油等刺激性小且能促进肉芽组织和上皮生长的药物。

④ 中草药疗法　外科创伤用"桃花散"：陈石灰 4份、大黄 1 份，二药同炒成深红色，筛研细末撒布于创口，可吸收创伤内液体并有杀菌作用，促使局部坏死组织分离，有助于新生肉芽的生长。严重创伤同时内服消炎散毒散：黄芩、黄柏、金银花、板蓝根各 10克，生地、天门冬、当归各 9 克，共研末，温水灌服，每日 1 剂，连服 5 日。创口不收可用"生肌散"加减方：龙骨、乳香各 50 克，冰片 25 克，共研细末撒于创口内。若外伤肿痛瘀血可用当归、牛膝、透骨草、苏木各 20 克，红花、没药、乳香、血竭、泽泻、杏仁、归尾各 15 克，川芎、桃仁、白芷、泽兰各 10 克，水煎加酒浓液外擦患处，可消肿止痛祛瘀。

⑤ 全身症状疗法　病羊若组织损伤或创口污染严重，出现全身症状，在局部治疗的同时使用抗生素或磺胺类药物消炎；还应及时注射破伤风类毒素。

二、脓肿

任何组织或器官内形成外有脓肿膜包裹、内有脓汁潴留的局限性脓腔时称为脓肿。

1. 病因

绝大多数由化脓性致病菌经皮肤、黏膜的伤口感染；强烈的刺激性化学药品漏注到静脉外或误注入皮下、肌肉也能引起。

致病菌侵入机体后，由于伤口细小，很快形成痂皮或上皮生长而密闭。致病因素持续作用，机体则出现一系列的应答反应，局部发炎，白细胞浸润，释放溶菌酶，组织也发生坏死，病灶内酸中毒。白细胞、细菌在生活活动或死亡后释放蛋白酶，将坏死组织溶解液化，形成脓汁；脓汁向四周扩散，病灶周围组织充血、水肿，白细胞浸润，形成肉芽组织，这层组织便是制脓膜。它可防止细菌、毒素扩散侵害周围健康组织，阻止炎性产物吸收。

小的脓肿受健康组织的压迫吸收。较大的脓肿受健康组织的围拢，脓汁向表面发展，皮肤浸润变软，自溃脓汁流出。深部组织的脓肿或向深部发展的脓肿，表面压力大，脓肿膜被破坏，可形成蜂窝织炎，若被淋巴、血液转移到其他部位，会形成转移性脓肿。

2. 症状

浅在性脓肿发生于皮下、筋膜下、表层肌肉组织。初期局部肿胀，与周围的组织无明显的界限，而稍高出皮肤表面，触诊时局部温度增高、坚实，有剧烈的疼痛反应。后期肿胀与周围组织的界限明显，中心变软，皮肤可自行破溃流出脓汁。

深在性脓肿主要发生于肌肉、肌间结缔组织、骨膜下。由于外被较厚的组织，因而局部表现不太明显，但局部常出现皮肤、皮下组织水肿。制脓膜常受到破坏，脓汁可沿解剖学通路流窜，形成流柱性脓肿或蜂窝织炎，此时多伴有全身症状。对脓肿诊断有困难时，可穿刺确诊。

3. 防治方法

（1）预防　加强饲养管理，防止羊体被刺伤，注射时要严格无菌操作。治疗原则：初期促进炎性产物的吸收消散，防止脓肿形成；后期促进脓肿成熟，排出脓汁。

（2）治疗　急性炎症阶段，局部可涂擦樟脑软膏、复方醋酸铅散、鱼石脂酒精、碘酊等，也可施行冷敷疗法。较大的病灶可用普鲁卡因、抗生素病灶周围封闭疗法。局部治疗的同时，应根据病羊的情况，配合应用抗生素、磺胺类药物及对症的全身疗法。

消炎无效时，局部应用鱼石脂软膏、鱼石脂樟脑软膏等刺激剂；温热疗法，促进脓肿成熟。待局部出现明显的波动时，应立即施行手术治疗。

脓肿切开法治疗。在波动最明显的地方切开脓肿，切口的长度和深度要有利于脓汁的排出，不要破坏切口对侧的脓肿膜。必要时，可做辅助切口或反对孔。切开后排出脓汁，清除坏死组织，用防腐消毒液反复冲洗，用消毒棉球或纱布轻轻擦干，涂布抗生素。脓肿较深或脓汁排出不畅时，可用浸铋糊剂（碘仿16克、次硝酸铋6克、液体石蜡180毫升）的纱布条引流。

脓汁抽出法治疗。在不宜做切口部位或较深的脓肿，用注射器将脓肿腔内的脓汁抽出，用生理盐水反复冲洗脓腔，抽净腔内液体，灌注抗生素溶液。

三、腐蹄病

羊腐蹄病俗称"趾间腐烂"，也称慢性坏死性蹄皮炎，以患肢跛行为其临床特征，是由于圈舍潮湿不洁，蹄过长，或牧场上荆棘丛生将羊的蹄部弄伤，化脓菌、坏死杆菌侵入破伤的蹄部而引起的一种趾间皮肤坏死性及化脓性炎症。蹄部角质发生分解，同时伴有真皮发生化脓性的炎症，多发生于放牧地洼湿沟凹处。绵羊多发此病。

1. 症状

病初病羊跛行轻症，日益加重，患肢的蹄部（蹄冠、蹄底、趾间）红肿，蹄壳脱落继而破溃化脓坏死，最后蹄部变形，流出脓液。病变向周边及深部组织侵入常蔓延至蹄冠及趾间、蹄球，引起蹄冠蜂窝织炎。严重病例局部增温隆起，溃疡面覆有灰黄色脓汁和坏死组织块；坏死部位也可发生在关节及内脏里；长期卧地不起，食欲减退或废绝，最后衰竭而死。

2. 诊断

患蹄有灰黄色恶臭脓液，蹄底腐烂，蹄壳脱落，即可做出诊断。

3. 防治方法

（1）预防　羊舍圈应保持干燥、清洁、通风，注意防止皮肤、黏膜损伤，定期对羊蹄进行检查，发现损伤及时处理。对病羊污染的圈舍进行消毒，垫草集中烧毁。

（2）治疗

① 验方　用生豆油 50 克烧开后灌入患部，再用松香 1 份、黄蜡 2 份，加热熔化，封口固定。

② 中兽医疗法　首先彻底清除蹄叉和蹄底腐烂组织，排净脓汁后用酒精液清洗患部，再用血竭熔化乘热注入漏洞或患部；若脓汁不多单用血竭粉封蹄，并用烧热烙铁轻烙漏洞周围，使药物与组织融合到一起。化脓严重时应排净脓汁，彻底清除腐烂组织后用乳香、没药、儿茶、枯矾各等量，共研细末过筛撒入创面，再用蹄绷带包扎保护蹄部。

③ 西兽医疗法　零星发病时，常用 0.1％高锰酸钾溶液或 2％～3％来苏儿消毒患部后局部涂擦碘酊，或填充松馏油布条或 10％硫酸铜溶液，用纱布包扎。大群发病时，可在羊舍入口设水泥池，在池内放入5％～8％硫酸铜溶液，浸蹄或洗涤消毒蹄部 2～3 次。严重患羊皮肤化脓坏死，用外科剪将溃烂组织全部剪除，先彻底清除坏死组织和脓汁，后用硫酸铜溶液浴蹄，15～30 分钟后再向空穴内填塞硫酸铜、磺胺粉或血竭粉，绷带包扎，每 2～3 日换药 1 次。若出现全身性症状可用肌内注射青霉素、链霉素、磺胺类药物任选 1 种，或肌内注射螺旋霉素，按每千克体重

20毫克，隔日1次，连用2次。

④ 配合血针疗法　针刺穴位：蹄头、缠腕、涌泉、蹄底等。

四、风湿病

中兽医称风湿病为"痹"，是羊常见的一种外科疾病，主要侵害羊背、腰、四肢、肌肉或关节，同时也侵害颈部、心脏和其他组织器官。促使本病发生的病因很多，主要是饲养管理不当、羊夜露风霜受贼风侵袭受冷、圈舍潮湿、久卧湿地、运动不足及气候和饲料突然改变等诱因引起。一般认为主要与溶血性链球菌的感染有关。中兽医认为风寒湿三气杂至合而痹证，风湿病邪便乘虚而伤于皮肤，流窜经络，侵害肌肉、关节、筋骨，引起经络阻塞、气血凝滞，逐渐成本病。一年四季均可发生，尤以气候突变、羊圈舍阴暗潮湿时多发，在寒冷地区和冬、春季节发病率较高。

1. 症状

临床上将风湿分为肌肉风湿、关节风湿和心脏风湿，这里介绍肌肉风湿和关节风湿。患羊风湿病突然发作主要症状是发病肌群和关节肿胀疼痛及机能障碍，有转移性，容易再发。常因运动量的增加而减轻或消失。

（1）肌肉风湿 肌肉酸痛，运动不协调；肌肉疼痛，走路跛行；弓腰走小步、喜卧、不愿运动，但运动一段时间以后跛行可减轻或消失，易复发。多数肌肉风湿常伴有体温升高（38～39.5℃），食欲减退，结膜潮红，呼吸、脉搏数增加，在短期治不好容易转为慢性。

（2）关节风湿病 患羊的关节囊及周围组织肿胀，关节外形粗大，触动敏感，疼痛肿胀。表面凹凸不平而有硬感。运动时随运动量的增加和时间的延长而痛感减轻或消失。也常伴有全身症状，转为慢性关节炎。关节变粗，滑膜及周围组织增生、肥厚。

2. 诊断

本病临床症状是突然发病，疼痛有转移性，容易再发，运动后跛行减轻，触压肌肉风湿患部，肌肉紧张、坚实，风湿关节腔有积液。慢性关节炎的患羊运动时有关节摩擦音，即可做出诊断。

3. 防治方法

（1）预防 加强饲养管理，保持羊圈舍清洁、干燥，冬季羊体要防止受风寒、潮湿，尤其防止雨露风霜和贼风的袭击。

（2）治疗

① 热敷疗法　将患腰背风湿的羊置于暖圈，防止风寒再度侵袭。然后用酒糟炒热装入布袋内，趁热敷患部；或用醋炒麸皮（麸皮3份、醋2份）充分混合炒至烫手装入布袋内，趁热敷患部，每日1～2次。施术后盖以布片使之发汗。

② 中草药疗法　总的治疗原则是：祛风祛湿，散寒通络。治疗风湿症方药如下。风邪偏胜者用防风散加减，处方：乌药、羌活、山药、附子各10克，独活、防风、当归、秦艽各15克，甘草5克，柴胡15克。寒邪偏胜者用独活寄生汤，处方：独活、秦艽、当归、杜仲、党参各15克，桑寄生、防风、白芍、川芎、熟地、牛膝、茯苓、桂心各10克，细辛、甘草各5克。湿邪偏胜者用薏苡仁汤加减，处方：薏苡仁、独活、防风、当归、威灵仙各15克，防己、苍术、羌活、桂枝、川乌、豨莶草、川芎各10克，生姜、甘草各5克。热邪偏胜者用白虎加桂枝汤加减，处方：生石膏15克，知母、桂枝、桑枝、防己、忍冬藤、苍术、薏苡、黄柏各10克，甘草5克。风

寒湿三痹也可通用通经活络散加减,处方:黄芪20克,木通、巴戟、藁本、故纸、泽泻、薄荷各15克,当归、白芍、木瓜、牛膝各10克。以上共为细末,开水冲调,候温灌服。加减:前肢痛重加桂枝、羌活;后肢痛重用牛膝,加川断;腰痛重用木瓜,加川断、杜仲、肉桂、茴香;风盛加羌活、独活;寒甚加附子、肉桂;湿盛加防己、薏苡仁。转为慢性,可选用独活寄生汤。

③ 西药疗法 急性风湿静脉注射10%水杨酸钠溶液20~30毫升,30%安乃近注射液10~15毫升,静脉注射镇跛痛1日2次,连用5~7日。5%葡萄糖酸钙注射液200~3000毫升,静脉注射。全身性肌肉风湿病体温升高,用水杨酸制剂与青霉素并用效果更好,每日1次,连用5~7日。

④ 针刺穴位 前肢风湿穴位,主穴为火针抢风穴,配穴为肩井穴、膊尖穴、肘俞穴。后肢风湿穴位,主穴为火针百会穴、大胯穴、小胯穴,配穴为掠草穴、汗沟穴、仰瓦穴。膝关节风湿,主穴为百会穴、肾俞穴、肾棚穴、肾角穴、腰椎穴、腰中穴。针刺6次为一疗程,一般先连针4次,1日1次,以后隔日1次,各疗程间隔为3~4日。

⑤ 激素疗法　急性风湿用醋酸可的松注射液0.025～0.05克，一次肌内注射，隔日一次，连注4～5次；或用氢化可的松2～4毫升（每毫升含氢化可的松5毫升）关节腔内注射。

⑥ 电针疗法　前肢风湿电针穴位以抢风穴为主穴，并结合针刺痛点，或以肩井穴、膊尖穴、肘俞穴为配穴。后肢风湿以百会穴、大胯穴、小胯穴为主穴，以掠草穴、汗沟穴、仰瓦穴为配穴；膝关节风湿以掠草穴为主穴，配合汗沟穴、仰瓦穴或大胯穴、小胯穴等穴。腰背风湿可选百会穴、肾棚穴、肾角穴等，每次20～30分钟，以6次为1个疗程，每日1次，每个疗程间隔为3～4日。

五、关节扭伤

羊体关节扭伤是由于钝性暴力如强冲撞、打击、蹴踢、滑跌、快步时突然停止或急转弯等作用，使局部关节发生关节囊、关节周围组织的非开放性损伤。局部皮肤无伤口。

1. 症状

本病多发生于肘、跗关节等处。病初损伤局部疼痛、肿胀，并出现跛行等症状，较轻者站立时患肢稍屈曲，并以蹄尖负重。重度扭挫、受伤导致韧带关节囊的纤维部分断裂或全部断裂，以及软骨和骨垢发生损伤。受伤部关节腔周围出血或腔内出血，有的发生血肿、水肿。

2. 诊断

伤后立即出现肿胀，疼痛剧烈，跛行明显，站立时患肢不能负重。当组织发生坏死时，则可出现感觉丧失现象。

3. 防治方法

（1）预防　平时加强管理和使役，防止关节扭伤。

（2）治疗

① 热敷疗法　将酒糟炒热装入布袋内，或用醋炒麸皮（麸皮3千克，醋2千克）拌匀后炒至烫手装入布袋内，热敷患部，注意保温。

② 验方　用栀子花果、土鳖虫等量捣碎，加白酒调匀后涂敷于患部。

③ 中草药疗法　病重者灌服中草药，配方为归尾20克、牛膝25克、木瓜20克、桂枝15克、五加

皮25克、生地25克、骨碎补25克、赤芍15克、乳香25克、没药10克、红花12克、续断20克、三棱20克、石楠藤25克、伸筋草28克、大活血25克、土鳖虫10克，水煎，加酒灌服或研细末冲酒、水各半，灌服，每日1剂，连用3～4日。

④ 西药疗法　严重患部注射盐酸普鲁卡因酒精溶液，处方：普鲁卡因2克，25％酒精80毫升，蒸馏水20毫升；或涂擦樟脑酒精。关节腔周围出血或腔内出血，需要包扎压紧绷带止血，严重者需注射凝血剂（10％氯化钙，维生素K_3）。关节腔内积血太多不能吸收时，可行关节穿刺排出，然后注入适量0.25％普鲁卡因青霉素。

⑤ 根据临床扭伤症状，有的扭伤需要包扎石膏绷带。

六、给羔羊断尾

羔羊出生后要进行断尾，如若羊尾巴过长，转动不灵，不但妨碍配种，还易被粪尿污染后躯及体侧的被毛，使毛呈黄色，加工时不易洗白，降低羊毛的工艺价值。放牧时还易被灌木丛划破，引起化脓、生蛆，管理也不方便。羔羊生下后断尾可以使羊的被毛清洁，外貌整齐、美观，所以羔羊生下后即进行断尾。

1. 断尾时间

羔羊出生后 15～20 日断尾，但对体瘦的羔羊可适当延长。这时羔羊的尾细，伤口易愈合；遇寒冷天气，也要适当延长几日。断尾时一定选择晴朗天气的上午进行，便于观察羔羊断尾后的情况。

2. 断尾方法

断尾羊可采取站立保定的方法，常采用外科手术法和烙断法。外科手术有感染化脓或患破伤风的危险。烙断法是用烧灼的烙铲断尾，断尾时由 1 人固定羔羊，使头朝上，背朝保定者，双手将羔羊前、后肢固定坐在木凳上，另 1 人左手拉直羔羊尾紧贴于木板上，右手持烧热的烙铲在距离尾根 4～5 厘米处（第 3、4 尾椎之间）用力压切断尾；若流血，立即用烧红烙铲再烙一次创面进行止血；断尾后用碘酊消毒。用烙断法有消毒止血作用，但是伤口愈合较慢，操作起来不够方便。

目前结扎断尾法应用最广。用此法操作简单易行，且经济，同时也不易感染。结扎断尾法是用弹性好的胶筋，在羔羊的第 3~4 尾椎间缠绕 4~5 圈进行结扎，紧紧扎住，不能过松。由于胶筋的收缩作用，断绝了血液流通，尾下部得不到血液供应而逐渐萎缩。结扎第 1~2 日羔羊难受吼叫，随着时间的推移会逐渐停止。经过 10~15 日痂自行脱落。

七、羊被毒蛇咬伤

自然界蛇的种类很多，而且分布相当广泛，常盘卧于杂草当中，当羊在草丛中放牧食草、活动，羊脚踩上了毒蛇时被毒蛇咬伤中毒。毒蛇特有毒牙和毒腺（见图 6-1）。毒腺分泌的毒液是一种蛋白质混合物，

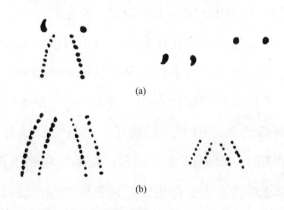

(a)

(b)

图 6-1　毒蛇与无毒蛇的牙痕

（a）毒蛇大多留有 2 个大而深的毒牙齿痕；

（b）无毒蛇为 4 行细小而均匀的齿痕

内含多种有毒成分，主要有神经毒和血循毒两种。前沟牙类如眼镜蛇科的毒蛇，主要含有神经毒；管牙类如蝰科和蝮蛇科的毒蛇，含有血循毒。

1. 症状

羊被咬伤部位常为四肢的下肢少毛处、腹下，极少数羊在食草时被咬在唇下和面部等处。羊被毒蛇咬伤后，伤口部位迅速肿胀，发热变硬，肿胀面积不断扩大，表现剧痛。同时表现出呼吸困难，心悸亢进，脉搏加快，不食，全身颤抖。羊被毒蛇咬伤的四肢常肿胀、热痛，跛行，严重时会倒地不能站立，全身出汗，体温升高，痉挛，继而呼吸困难；羊被蛇咬伤后如抢救不及时，往往引起心脏麻痹而导致死亡。如咬伤发生在大血管上，一般肿胀反而不明显，但很快引起全身中毒而死亡。

2. 诊断

羊被蛇咬伤的诊断需确定是有毒蛇（何种毒蛇）或是无毒蛇咬伤后才能对症下药，有效治疗。诊断鉴别有毒蛇和无毒蛇可见蛇的体形和体色，及蛇伤后遗症的差异。如有毒蛇体形较粗短，头大多成"△"形，口内有毒腺和毒牙，尾自泄殖孔后骤然变细；而无毒蛇体形较长，头较小，多呈椭圆形，口腔内无毒腺和毒牙，尾自泄殖孔后逐渐变长。此外还可根据蛇咬伤口的齿痕及伤口深浅的特点区别有毒蛇和无毒蛇咬伤。有毒蛇咬伤皮肤上有 1 对大而深的毒牙痕；而无毒蛇咬伤的没有毒牙痕，只有两排细痕齿状。有毒蛇和无毒蛇的区别见表 6-1。

表 6-1　有毒蛇和无毒蛇的主要特征简明比较表

特征	有毒蛇	无毒蛇
体形	较粗短	较细长
头形	较大，多呈三角形	较小，多呈椭圆形
毒牙	有	无
眼间鳞	两眼之间有大型和小型的鳞片	两眼之间有大型鳞片
颊窝	蝮蛇有	无
瞳孔	直立或圆形	圆形
尾	短，自泄殖孔后骤细	长，自泄殖孔后逐渐变细长
肛鳞	多为 1 片	多为 2 片
生殖方式	多卵胎生	多卵生
动态	栖息时经常盘曲，爬行时较大意，一般较凶猛	栖息时不盘曲，爬行时较敏捷，多数不凶猛

3. 防治方法

（1）预防　蛇类喜欢盘踞在杂草、乱石和洞穴中，所以料堆及乱石堆应远离羊圈舍。在放牧前需"打草惊蛇"，蛇受惊后会迅速自行逃走。羊舍周围如果有树洞、岩洞、墙洞应及时堵塞。在蛇多地区放羊露营时，帐篷外周围应除草防藏毒蛇，在羊舍外撒雄黄加等量云香精配制成驱蛇药，防蛇入羊圈舍；或点燃一小堆烟叶秆将羊舍熏一下。若羊在野外遇到毒蛇，可用树枝或棍棒打草惊蛇，将毒蛇赶走或打死，避免发生被蛇咬伤。

（2）急救疗法 羊被毒蛇咬伤后，注入机体的蛇毒扩散会非常迅速地引起中毒，要尽快采取急救措施，排出蛇毒和破坏蛇毒，以阻止蛇毒在羊体内扩散，否则会迅速死亡。治疗蛇伤需要确定是何种毒蛇咬伤，以便用针对性很强的药物对症下药，才能取得良好的疗效。

① 结扎 当发现羊被毒蛇咬伤后，应尽快用绳子或布条、手帕、树藤等物，在被咬伤口近心端5～10厘米的部位进行结扎，以减慢淋巴液和血液回流，暂阻止羊体对蛇毒液的吸收。如被蛇咬时间超过2～3小时，则结扎无效。为了防止结扎部位缺血坏死，应每隔10～15分钟左右，将结扎物放松数秒或几分钟。

② 排毒 结扎后立即用肥皂水或清水把伤口部位冲洗干净后，做排毒处理。先刮刺肿胀部，或用消

毒的小刀在伤口做"十"字形切口，充分挤出肿胀部位积聚的血水，以利毒液排出。但切口不宜太深，防止切断血管和神经。被尖吻蝮（五步蛇）、蝰蛇等血循类毒蛇咬伤，一般不做切口排毒，以防止出血不止，而采取其他方法破坏蛇毒。被咬伤口早期可采用火灼法，利用高温来破坏蛇毒，此法取材方便，简单易行。初次排毒后，先用0.25%或0.5%普鲁卡因注射液进行局部封闭，再用0.1%高锰酸钾溶液在伤口内灌注，并用注射器在肿胀部位进行高锰酸钾点状注射，注射后再次进行挤压，排出血水及药液，如此反复2～3次进行挤压，直到充分排出毒液为止，排毒后将结扎物除去。

③ 蛇药和中草药解毒疗法　排毒后可在伤口内撒上一些压碎的蛇药，如季德胜蛇药、上海蛇药、青龙蛇药等，并按说明书的剂量内服蛇药或注射蛇药。如果没有蛇药成品，可就地采用新鲜的治蛇伤的中草药，如半边莲全草、徐长卿鲜根捣碎，添加少量红糖调匀后进行外敷，或用七叶一枝花、天南星、紫花地丁外敷伤口周围，或用雄黄0.5克、白矾10克、冰片10克，共研末，加酒50毫升，混合擦患处；同时内服半边莲60～120克、青木香60克。早期救治被

毒蛇咬伤的羊均有较好疗效。羊被毒蛇咬伤中毒严重，可服中草药，用归尾 15 克、赤芍 10 克、金银花 20 克、贝母 10 克、甲珠 15 克、紫花地丁 25 克、蒲公英 10 克、全蝎 10 克、天葵 20 克、防风 15 克、甘草 10 克共为末后开水冲，候温灌服。

④ 血循毒与混合毒类毒蛇咬伤局部处理不当时，易发生组织坏死和溃烂。除每日先用明矾水清洗干净伤口，清除已腐脱的坏死组织外，还应经祛腐拔毒治疗。

⑤ 对症治疗　一般选用阿托品、苯甲酸钠、咖啡因等药物医治。消炎和强心：患羊蛇伤肿胀严重，体温升高，可用青霉素、链霉素进行肌内注射。如果伤势严重，出现心力衰竭，可注射强心剂。

八、整修羊蹄

养羊需要放牧，因而对羊蹄的保护很重要。由于冬季天气寒冷和气温变化异常，羊只放牧时间减少，舍饲时间较长，圈舍饲养的羊蹄磨损少，蹄壳生长较快，羊蹄过长或歪于一侧。若不定期整修，羊蹄易成畸形蹄，导致行走困难，严重影响放牧采食。因此，对山羊每年初春需要进行 1 次检查，对蹄过长和不正常蹄形修蹄1次，对绵羊宜在剪毛后和进入冬牧前进行修蹄。

修蹄前可将羊蹄用水浸软，或让羊雨后在潮湿地上放牧活动4小时，或在雨后进行修蹄，使蹄角质变软便于修理。修蹄时，把羊放倒在地上，羊背靠在修蹄员的两腿间，臀部着地保定后操作。大公羊需由两人协作施术，用果树剪修前蹄过长、过尖的部分，先修整前蹄再修整后蹄。剪去生长过长的蹄尖，1次不要剪得过多，然后用修剪弯刀将蹄底边缘修剪到和蹄底一样平齐，再修削蹄底，到见血管为度，切不可修削过深，以免损伤内部。羊蹄整修要求蹄底平正，形状方圆。对于蹄形不正的变形蹄需要进行多次修剪，逐步矫正蹄形。

九、孕羊缺钙症

奶山羊在产奶时期体内已经消耗了大量的营养物质，配种怀胎以后，需要大量的钙来补充，才能满足胎羊的正常发育，保证母羊生育前后的安全。可是奶山羊的妊娠期恰是水冷草枯的冬季，缺乏优质的青嫩饲草，干的饲草水汁丧失、缺乏营养成分，很难满足孕羊的生理需求。加上气温低、光照少，羊在户外活动少，接受阳光中紫外线照射少，如果日常饲草中缺少矿物质，又不及时补充钙剂，便会发生缺钙症。

1. 症状

缺钙的母羊表现为四肢疼痛，肌力很弱，行走困难，会引起合并难产和产后瘫痪等疾病。严重的卧地不起，引起抽风而死亡。因母体营养缺乏，产下的羊羔可能发生先天性佝偻病、软骨病甚至死胎。

2. 防治方法

① 合理搭配饲料　增补钙剂，母羊越冬期，很多养羊户都用玉米秸秆和粉细的麦秸草作日粮，这些含粗蛋白的单一饲料应补充蛋白质与含钙量较多的饲料同喂，以提高饲料营养利用率，日粮中多加上一些含矿物质的骨粉和蛋壳粉。对老弱羊和出现缺钙的母羊及时服"乳酸钙"或其他钙片，每次 3～4 片，日服 3 次，可加"鱼肝油"丸同服，以促进钙的吸收，服用的时间视病情而定。

② 加强护理　搞好越冬保暖防寒，要及时搭棚修圈，保持圈内干燥暖和。每次都要给羊饮温热汤水，冬季不要让羊吃冰冻草和饮冰冻水，白天让羊多在户外活动，把羊赶在阳光充足的地方活动，多晒

太阳。

十、产后胎衣不下

母羊胎衣不下，即胎儿产出后胎衣超过 5～6 小时（绵羊 6 小时，山羊 5 小时）仍未全部排出胎衣。诱发本病主要是 1 胎多羔，胎水过多，胎儿过大，以及持续产出胎儿，子宫伸张过度，而继发产后子宫收缩微弱；或难产子宫过劳无力；或饲料营养不全，特别是长期舍饲，缺乏运动和缺乏胡萝卜素、钙及其他矿物质；或母羊过于瘦弱或太肥，使母羊虚弱和子宫弛缓；或母羊妊娠后期活动量小，或分娩时受到异常刺激干扰引起应激反应，因子宫颈管过早闭锁，致使胎衣不能排出。母羊妊娠期间患子宫内膜炎、布氏杆菌病、流产等，更易造成胎衣不下。

1. 症状

母羊分娩之后胎衣超过 5～6 小时仍未能全部排出，胎儿胎盘大部分仍与子宫黏膜粘连，仅见部分胎膜悬垂于母羊阴门之外；甚至有胎膜全部滞留于子宫内。病羊表现拱背，常呈努责姿势；悬垂部分呈红色，再由灰红色变为灰褐色的绳索状；常被粪土污染。如果胎衣能在 24 小时内排完，多半不会发生并发症。如果胎衣久滞不下或未排完，则胎衣发生腐败，夏天腐败较快，从阴道排出污红色恶臭液体，内含腐败的胎衣碎块；由于感染及腐败胎衣的刺激，发生子宫内膜炎。腐败产物被吸收后出现全身症状，体温升高，呼吸、脉搏增快，食欲及反刍减退或停止，腹泻等，甚至导致母羊并发败血症而死亡。

2. 防治方法

（1）预防　加强妊娠母羊的饲养管理，注意妊娠母羊要饲喂含钙及维生素 A、维生素 D 的饲料，产前几日减精料。妊娠后期适量增加运动。分娩后灌服所收集的羊水，让母羊舔干羔羊身上的黏液，并尽早让羔羊吮乳或挤乳，利于子宫收缩而促进胎衣排出。

（2）治疗

① 验方　取鲜藕叶或荷叶 400～500 克，加水 250～300 毫升或灌服羊水（含有类垂体后叶素成分），能促进子宫收缩排出胎衣。或水煎成 50～100 毫升浓汁，候温灌服后 2 小时内可排出滞留的胎衣。

② 中草药疗法　用大黄 25 克，党参、五灵脂、蒲黄、川芎各 10 克，当归、益母草各 15 克，共研

末，冷水调服。早期也可用益母草流浸膏5～8毫克，温水灌服。气血凝滞，努责不安，胎衣不下，用当归9克、白术6克、益母草9克、桃仁3克、红花6克、川芎3克、陈皮3克，共研细末，开水调服。

③西药疗法　早期产后（8～12小时内）肌内或皮下注射垂体后叶素5～10国际单位，2小时后再注射1次，促进子宫收缩。预防胎衣腐败及子宫感染，等待胎衣自行排出，在子宫黏膜与胎衣之间放入金霉素胶囊50毫克，隔日1次，共1～3次。或用磺胺类药物或肌内注射抗生素。

④手术剥离疗法　个体较大的母病羊在药物注射后48～72小时促进子宫收缩，未奏效则及时采用手术剥离疗法。如果过早摘除，母羊会强烈努责、出血，甚至诱发子宫脱出；如果过晚，胎衣分解，胎盘与胎盘失去胎膜联系，个别胎盘容易遗留附着在母体胎盘上，仍可能诱发子宫内膜炎。首先保定母羊，用消毒液将母羊外阴及胎衣和术者手臂消毒，术者指甲应剪平、磨光、洗净，并在手臂上涂擦0.1%碘酊及石蜡油类；术者用左手握住胎衣，右手顺着胎衣表面伸入子宫，在子宫内膜与绒毛膜之间找到未分离的胎衣；而后用消毒过的手将绒毛膜从母体子叶一侧剥

离。剥离时，由近及远，先用中指和拇指捏挤子叶蒂，然后剥离盖于其上的胎衣。剥离时一定要小心，勿使子叶受到损伤，否则造成大量出血。为了防止感染，在剥离完毕后，可向子宫内放入金霉素胶囊2～3粒；注入子宫内 100～200 毫升生理盐水或高渗盐水，每日 1 次，连用 3～5 日。

⑤ 自然剥离　如果羊个体较小，阴道狭窄，而术者手臂粗大，采用手术剥离会受到很大限制。此时宜采用自然剥离法，即往子宫内投放土霉素 0.5 克，或用其他防腐消毒药，让胎膜自溶排出。

⑥ 针刺穴位　百会、会阴、后海、尾根等穴。也可用水针疗法，取百会穴或后海（交巢）穴注射垂体后叶素、催产素 10～15 国际单位。或电针：百会为主穴，配后海（交巢）穴或会阴穴、尾根穴通电30 分钟，一般 2～3 次即可。

十一、子宫炎

母羊子宫炎是母羊子宫黏膜的炎症，为母羊的一种常见产科疾病，多见于母羊分娩时或产后期。主要由于配种、人工授精、分娩助产消毒不严，手法不当，子宫脱出、胎衣不下、阴道脱出、腹膜炎、胎死腹中时带入病菌受感染，或微生物通过垫草及尾根接触地面侵入子宫引起子宫黏膜炎症，也能引起子宫黏膜发炎。

1. 症状

根据病程可分为急性和慢性两种。

（1）急性子宫炎　病羊精神沉郁，常卧地、拱背、努责，时时做排尿姿势，体温升高，反刍减少，阴户流出较多污红色或褐色的黏液，或黏脓性稠且腥臭的分泌物，黏附于阴门尾根、阴户的周围及后肢，继而毛焦欣吊，呆立无神，不易站起，有时磨牙、呻吟，后肢踢腹。严重时行走僵硬，昏迷，如不及时治疗可引起子宫坏死、阴道炎、败血症或脓毒败血症等，甚至造成死亡。有时可继发腹膜炎、膀胱炎、乳房炎等。

（2）慢性子宫炎　多由急性子宫炎转变而来，一般症状较急性轻微，病程较长。初期仅表现为子宫分泌物少，食欲不振，产乳量慢慢减少，不发情，不易受胎。后期症状稍明显，可见拱背、努责，做排尿姿势，体温略升高，从阴户流出少量透明或浑浊杂有絮状物的黏液。子宫颈外口肿胀、充血，并附有上述的黏液。子宫颈开张，外表无排出物，有时可发展成为子宫积水。病母羊发情不规律，或长期不发情，或屡配不孕。

2. 防治方法

（1）预防　加强饲养管理，促进母羊的自身健康，增强抗病能力。定期检查母羊和公羊生殖器官是否有传染性疾病，患有生殖器官疾病的，在治愈之前不宜配种；人工授精必须无菌操作，防止配种时传播感染。搞好产后的栏圈和产房的清洁卫生，严格消毒产房，分娩、接产、难产助产及阴道检查时要消毒，细心助产护理，减少发生感染的可能性。

母羊产仔后即喂给母羊一些抗菌药物，并注意其阴道排出物有无异常变化，如有臭味或排出污红色或棕色分泌液时，应及时治疗。

（2）治疗

① 冲洗子宫　用 40～45℃ 的生理盐水，或 0.1% 高锰酸钾溶液或 0.1%～0.2% 雷夫奴尔溶液 300 毫升灌入子宫内反复冲洗，将子宫内的污液洗干净，每日可冲洗 1～2 次，连洗 3～4 日。子宫冲洗可用橡皮管或子宫洗涤管头插入子宫，将上述消毒防腐

液用漏斗灌进，然后取下漏斗，橡皮管下垂，使子宫内的液体排出。

② 中草药疗法　用益母草 50 克、扁豆花 20 克、鸡冠花 30 克、黄芩 15 克，水煎适量一次灌服，每日 1 次，连用 3～5 日；或用银花、黄连、知母、黄柏、车前草、猪苓、泽泻、甘草各 15 克，水煎候温一次灌服，每日 1 次，2～3 日为 1 个疗程，连用 1～2 个疗程。若阴门内流出黄色黏液，腥臭难闻，宜用止带方加减：猪苓、泽泻、黄柏、栀子各 15 克，茯苓、车前、茵陈各 20 克，赤芍、丹皮、牛膝各 10 克，共研末开水冲服。或者加连翘、银花、鱼腥草；带下臭味重者加土茯苓、败酱草，每日 1 剂，连服 3～5 日。

③ 西药疗法　出现体温升高等全身症状时，冲洗子宫后肌内注射青霉素 80 万国际单位，链霉素 50 毫克，每日 1 次，连用 3～5 日。治疗自体中毒配合 10％葡萄糖液 100 毫升、林格氏液 100 毫升，每次可加 5％碳酸氢钠溶液 20～50 毫升，1 次静脉注射，再肌内注射维生素 C 注射液 200 毫克。

十二、乳房炎

母羊乳房炎是乳腺、乳池、乳头局部的炎症。中兽医称为"乳痈""奶黄"，是由于对母羊管理和产后护理不当、乳房乳头消毒不严、卫生不良使羊乳房受到细菌感染而引起的，病原微生物包括葡萄球菌、链球菌、肠道杆菌和绿脓杆菌等，通过乳导管或乳头损伤而侵入乳房，或经血管或淋巴管进入乳房。乳腺发生不同性质的炎症，影响泌乳机能，并引起泌乳量减少，甚至丧失泌乳机能。本病多发生于舍饲高产及经产母羊。

1. 症状

（1）**急性型** 患病羊乳房部红肿、硬结、热痛，乳汁减少或停止泌乳，乳质变性，多清稀，色呈淡黄色水样，或混有血液、脓汁、大小不等的絮状物或粒状物。患羊表现精神沉郁、食欲不振或废绝，反刍停止，有恶寒、发热症状，体温升高至41℃，呼吸和心跳增快，脉搏增数，眼结膜潮红。两后肢开张站立，此刻患羊体温略高，食欲降低，不能卧地，不能行走，急剧消瘦，常因败血症而死亡。

（2）**慢性型** 多由急性乳房炎未彻底治愈转为慢性，一般无全身症状，呈渐进性炎症，少数羊体温略高，食欲降低，乳房患区组织弹性降低，僵硬，触诊乳房时可摸到大小不等硬块；泌乳稀，泌乳量显著减少，乳汁清淡，乳汁中混有絮状凝块；病程延长。

（3）隐性型　此型是病原菌已侵入乳房，但在临床上尚未出现肉眼可见的任何症状。乳汁用肉眼观察也无异常变化，但经生化检验、细菌学检验可发现异常。因炎症是在乳腺内部发生的，所以用试剂检验乳汁可查出此症。

2. 防治方法

（1）预防　保持环境卫生，扫除羊圈舍污物，保持羊舍运动场、饲槽、饮水池及挤奶用具清洁、干燥并定期进行消毒，经常更换垫草，加强对产后母羊的护理，从生殖器官排出的恶露或炎症分泌物应及时清除、消毒。母羊分娩前如乳房过度肿胀，应减少精料及多汁饲料。定期挤奶，挤奶前先用温水将其乳房乳头洗净，用毛巾擦干。每次挤奶时用力要均匀，并将乳汁挤净，不使乳汁积留。每次挤奶后用消毒液浸泡乳头，并及时处理乳房损伤，可有效地减少乳头表面的细菌。

（2）治疗

① 中草药疗法　羊急性乳房炎用当归 15 克、生

地 6 克、蒲公英 30 克、二花 12 克、连翘 6 克、甘草 10 克，共研细末，开水调服，每日 1 剂，连用 5 日；同时外用蒲公英、紫花地丁等量捣烂后在乳房外敷患处。病初期治疗原则：解表疏肝、解毒。药方：瓜蒌 30 克，牛蒡子、栀子、青皮、陈皮各 6 克，金银花、连翘各 15 克，天花粉、黄芩、柴胡、皂角刺、炮甲珠、王不留行、川楝子各 10 克，水煎，每日 1 剂，分 2 次灌服。乳汁壅滞通乳用王不留行、木通、通草、路路通适量；恶露未净祛瘀加川芎、当归、益母草适量。成脓期治疗原则：清热解毒，托里透脓。药方：生黄芪、当归、蒲公英、紫花地丁各 20 克，穿山甲、天葵子、黄芩各 10 克，皂角刺、生大黄各 6 克，金银花、野菊花各 15 克，水煎，每日 1 剂，分 2 次灌服。溃脓期治疗原则：托里排脓。药方：生黄芪、当归、薏苡仁各 20 克，炙甘草、升麻各 5 克，忍冬叶、野菊花各 10 克，蒲公英、党参、生地各 15 克，水煎，每日 1 剂，分 2 次灌服。溃后期服用生肌加减：生黄芪 30 克，花粉 15 克，白芍、乳香、没药、丹参各 10 克，共研细末，开水冲调，候温灌服。

②西药疗法　先挤净病乳，用生理盐水注入乳池连续冲洗挤出，乳房内注入药液，方法是挤乳以后

将消毒过的乳导管轻轻插入乳头孔内，注入青霉素40万国际单位、链霉素25万～50万国际单位，溶于20毫升蒸馏水中，再加入0.5％普鲁卡因溶液5毫升进行封闭，然后轻揉乳房腺体部，使药液分布于乳腺中，每日1～2次。对急性大肠杆菌乳房炎治疗，可用庆大霉素、多黏菌素或磺胺类药物。乳房浅部脓肿宜切开排脓、冲洗、撒布消炎药等。对于深部脓肿，宜向乳房脓腔内注入0.15％～0.2％雷夫奴尔溶液50～100毫升，轻轻按摩后挤出，连续冲洗消毒脓腔，引流排脓；先用注射器抽出其内容物后，向腔内注入青霉素120万国际单位。乳腺发生坏死时需进行乳房切除术。

③ 针刺疗法　血针穴位，主穴为滴明穴，配穴为阳明穴。

十三、产后缺乳与无乳

母羊在妊娠期和产后泌乳期中，由于乳腺机能障碍而发生无乳或泌乳不足。无乳或泌乳不足的原因有多种，多发生于初产及老龄母羊。多因饲养管理不善、营养不足而引起，主要是母羊在妊娠后半期饲料不足、气血亏损、体质瘦弱、过早配种、母羊乳腺发育不全、内分泌腺机能紊乱，此外羊患乳房或全身疾病，尤其患热性传染病及新陈代谢紊乱，均能引发无乳或缺乳，影响羔羊的生长发育和成活率。

1. 症状

主要表现是母羊乳房松弛及乳头缩小干瘪，乳房皮肤松弛，腺体组织松软，乳量显著减少或无乳；有的乳汁变浓或变稀如水样，羔羊吮乳次数增加，常用头不断抵撞乳房并常有饥饿表现。

2. 防治方法

（1）预防 主要改善对母羊的饲养管理，妊娠的中后期要保证全价饲料，加喂富含蛋白质的精料和维生素较多的青饲料及多汁饲料，如补给豆浆等增加营养，并充分饮水。母羊若乳腺发育不全需经常按摩乳房，每次 15～20 分钟。产后要加强护理，消除病因。奶山羊挤羊奶要合理，做到每日定时挤奶 2～3 次为宜。挤奶前用毛巾蘸上 50℃热水擦洗奶羊乳房及乳头，用干毛巾擦干，再对乳房按摩后开始挤奶。挤奶可仿照羔羊吃奶时用头或嘴撞击乳房的动作，用拳头向上撞击乳头，促使奶汁排出。每次挤奶时，最初挤出的几滴要弃掉，最后要将奶汁挤尽，不可残留，以免影响其泌乳产量。

（2）治疗

① 验方　催乳用虾米 50 克研碎，掺饲或喂黄芪猪蹄汤：适量黄芪、通草与猪蹄同炖即成药膳，喂服。或用干荷叶 120 克、木通 30 克、红糖 120 克，先将前 2 味水煎取汁，加入红糖调匀，候温灌服，每日 1 剂，连用 2～3 日。

② 按摩乳房法　开始治疗的第 1～30 日，每日早晚按摩乳房 1 次，每次 2 分钟。以后每 5 日按摩 1 次，到第 50 日时停止。

③ 中草药疗法　当归、川芎、王不留行、黄芪各 20 克，通草、花粉各 15 克，穿山甲 10 克，水煎，候温灌服。或用王不留行 25 克，当归、白芍、党参、黄芪、白术各 15 克，穿山甲、通草各 20 克，共研末，混于饲料内服。或用黄芪 30 克，党参、通草、王不留行、路路通各 15 克，麦冬、当归、桔梗、柴胡、白芍、熟地各 10 克，甘草 5 克，水煎，1 日 1 剂，分 3 次灌服，5 日为 1 疗程。下乳涌泉散：白术、生地、柴胡、花粉、炮山甲各 15 克，当归、川芎、漏芦、桔梗、通草、白芷、甘草、青皮、木通各 10 克，王不留行 30 克，共研末开水冲，候温灌服，

连服 3～4 日。

④ 挤奶诱导法　从激素注射第 1 日起，每日挤奶1～2 次。

⑤ 西药疗法　由于炎症引起缺乳，可用磺胺类或抗生素药物治疗。

哺乳母羊泌乳不足和无乳应注意护理好仔羊，加强保温，进行人工哺乳或找保姆羊。

十四、难产、死胎

孕羊分娩过程中发生困难，胎儿不能顺利地由阴道产出即为难产。母羊难产的原因很多，主要是因母羊早配、体型过小、骨盆腔形状不规则、年老体弱、缺乏运动、产道狭窄，或因母羊妊娠期营养失调、缺乏维生素和无机盐致使母羊气血虚弱、子宫阵缩无力、子宫颈口开张不全，或胎儿过大阻塞于产道内不能产出、胎位不正、胎位异常、矫正无效等。母羊在妊娠期或临产时，突然胎死腹中，不能产出引起孕羊死胎难产，多因劳役过度、气血虚弱和血瘀，在临床上老年体弱母羊较为多见。病毒侵害或惊恐和其他原因引起胎死腹中。发生难产、死胎如不及时采取助产和挽救措施，分娩时间过长，母羊衰竭，会导致母羊死亡或母仔羊死亡。

1. 症状

孕羊发生阵痛，起卧不安，时常拱腰努责，回头望腹，阴门肿胀，从阴门流出红黄色浆液，但很长时间不能顺利产出仔羊，或有的露出部分胎衣，有的可见胎儿的前肢和头部露出，此时若胎膜尚未破裂，应人工撕破胎膜，以防胎儿脐带受压影响呼吸。

孕羊临产前，除胎动停止外，外观可见孕羊扭头望腹，气逆喘短，减食或废食，懒动，腹部剧烈扇动等症状。此时检查胎儿已死，子宫颈紧闭难开。

2. 诊断

在下胎之前，对胎儿生与死要正确诊断，临诊时不能单凭症状与脉象来作为诊断胎死的依据，还需结合先进的检验方法，如尿液妊娠试验、仪器检查，至少进行徒手宫内探查，方可明断，以防止事故发生。

3. 防治方法

（1）预防 平时改善对孕羊的饲养管理，防止营养不良而引起瘦弱，胎儿不能正常发育，母羊产力微弱；或营养过于丰富，胎儿过大；运动不足，降低母羊产力而发生难产，并应及时治疗母羊其他疾病，要适龄配种，防止早配。孕羊分娩前应做好接产的各项准备工作。产房应背风向阳，干燥保暖，干净卫生，并事先用2％烧碱溶液或10％生石灰溶液消毒，晾干后再铺上褥草。接产用的纱布、毛巾、药棉、剪刀、5％碘酊、0.1％高锰酸钾溶液、脸盆等须准备齐全。在临产前10日，应将母羊赶入产房。对已进入产房的母羊应精心护理，仔细观察，严防分娩时无人在场接产。在临产前应用0.1％高锰酸钾溶液对母羊后躯进行彻底清洗和消毒。产羔时饲养人员要做好助产工作，以防发生难产。临产的母羊腹部下垂，肷窝下陷，尾根塌陷，排尿频繁，举动不安，行动不便，时起时卧，前蹄刨地，回头望腹，不时鸣叫，食欲减退。当母羊阴门流出浓稠的黏液并卧地努责时，马上就会产羔。饲养人员应根据临产征兆，做好接产工作，以防发生意外。同时要在产羊开始努责到胎囊露出或排出胎水时进行临产检查，看当知胎位、胎势及胎向正常与否，若有异常应立即矫正，以防引起分娩难产。接产员必须带经过消毒的橡皮手套，如当时没有橡皮手套，可将两手指甲剪去磨光，手放在消毒液中浸泡3～5分钟，涂上凡士林或石蜡油等。接产前，对母羊的阴唇、肛门、尾根等处用肥皂水洗净，再用酒精棉球将阴唇等处消毒。

（2）治疗

① 胎儿过大或母羊产道狭窄使母羊发生难产时，需要人工适时助产，否则常会母仔双亡。母羊临产前，用0.1％高锰酸钾溶液或3％～5％来苏儿溶液对外阴、肛门、后腿和乳房进行擦洗消毒，尾巴用绳缠好拉向一侧后，由接产技术人员准备助产。助产人员的手臂及器械也要消毒处理。母羊卧下时，使它左侧着地，以减少瘤胃的压迫。要避免人声嘈杂和不必要的干扰。母羊分娩应以自然产出为原则。若母羊阵缩间隔时间短且较强，经10～15分钟后，助产人员可进行产道和直肠检查，若胎羊的胎向、胎位和胎势正常，母羊体力较强，须待胎儿自然娩生；若检查有反常，助产人员应及时进行胎位矫正，把母羊后躯垫高，将胎羊露出部分送回，手入产道，纠正胎位，拉出来后送回去，重复3～4次即可。助产时如果产道干燥，可将液体石蜡油类灌入产道，用消毒过的手伸入产道拖出胎羊。

② 当母羊阵缩努责破水后，如果羊膜囊已经露出阴门，但胎儿不能及时娩出，应将手臂涂上润滑剂顺着羊膜囊伸入产道，检查胎羊的方向、位置、姿势

及产道是否正常。若有异常，应立即隔着羊膜或撕破羊膜将胎羊推入子宫进行矫正。此时胎儿尚未进入产道，羊水尚未完全流失，矫正比较容易。

③ 母羊分娩长时间不见胎儿产出时，要检查产道，如产道内触摸到胎头和骨盆前缘屈曲的前肢时，一般都是屈曲的腕关节抵于骨盆的边缘，致使前肢不能进入产道而发生难产。应立即将胎羊推回子宫，同时迅速握住屈曲的掌骨或蹄部，向上抬、向后拉，导向产道。若两前肢屈曲，用同法整复另一肢，头、肢同时牵引，拉出胎羊。

④ 当胎羊前肢和鼻端露出阴门，而羊膜仍未破裂时，可将羊膜撕破，并将胎羊鼻中的黏液擦净，便于胎羊呼吸，防止窒息。

⑤ 如果母羊努责无力，胎羊不能顺利产出，可用手抓住产绳拴住胎羊两前肢掌部，随着母羊努责，左右交替，缓慢牵引胎羊的两前肢和胎头（牵引一侧前肢时，用手固定住另一侧前肢并推向子宫腔方向），使胎羊肩胛以斜的姿势顺着骨盆产道方向，呈弧形向下慢慢拉出胎羊。同时，另一人用双手按压阴门上联合，保护会阴以防撕裂。在胎羊腰角部通过阴门之后，要慢慢拉出，避免造成子宫脱出。胎羊倒生时，

也按上法尽快拉出胎羊，否则胎羊在盆腔中脐带被压迫，容易窒息死亡。

⑥ 胎羊全部产出后，首先把鼻腔和口腔内的黏液擦净。如果脐带自行扯断，可在断端充分涂擦碘酊；如果未断，待脐动脉停止搏动后，在离脐孔4～5厘米处将脐带用手扯断或用剪刀剪断，断端涂上碘酊，用纱布带结扎；母羊侧的断端可打一结扣。羔羊身上的黏液可由母羊舔干或用软布擦干，同时将蹄端的软蹄组织除掉。胎衣排出后要及时取走，以免被母羊吞食而发生瘤胃食滞。如果恶露排出时间过长要及时治疗，并要注意子宫的病理变化。

⑦ 中草药疗法 母羊属于胎位正常子宫颈开张、产道正常的难产，可用益母草、当归各15克，川芎、桃仁各10克，炮姜6克，水煎取汁分3次灌服。对确诊是死胎的难产用鳖甲、炒蒲黄、当归尾各30克，红花、桃仁各25克，赤芍20克，水煎取汁灌服后1日，可促使子宫内死胎、胎衣和浊物排出，孕羊本身气血两虚，宜先固本元、补气血，然后再行下胎或下胎衣，其药方为：党参、茯苓、当归、益母草各15克，白术、川芎、白芍、熟地、车前子、蒲黄、滑石、炙甘草各10克，水煎，候温灌服。有出血和产

后痉挛性疝痛，用桃仁、芒硝各 25 克，大黄 15 克，桂皮、甘草各 20 克，水煎，候温灌服。

⑧ 西药疗法　若老弱母羊分娩子宫颈开张，但子宫收缩无力而造成难产，胎势、胎向及胎位正常的情况下，可静脉、肌内或皮下注射垂体后叶素 10～50 国际单位，或皮下注射催产素 10～50 国际单位，必要时待 20～30 分钟后重复注射，促使胎羊和胎衣排出。为了预防感染，拉出胎羊后用 0.1% 新洁尔灭溶液或高锰酸钾溶液冲洗产道及阴户周围，并用青霉素粉撒入产道。若有出血，可肌内注射麦角新碱或止血剂。

⑨ 剖腹助产手术　如胎羊过大、胎位不正、产道狭窄，用手伸入阴道无法拉出胎羊或用药物等治疗也无法使胎羊产出时，应采用剖宫产术。先将产羊左侧或仰卧保定，并进行全身麻醉或局部浸润麻醉。

常用剖宫产手术是腹下切开法：取乳房前腹中线或乳静脉之间，以胎羊突出最显著部位作切口，切口长度为 15～20 厘米。术部剃毛、消毒、固定。手术方法为纵向依次切开皮肤、腹肌，用镊子提起腹膜，先切一小口，然后用食指和中指深入腹腔托起将切口扩大。切开腹膜后，将手伸入切口，沿腹膜下滑，绕过小肠和大网膜到达子宫，将子宫拉出，选子宫角大弯，避开子叶，做一与腹壁切口等长的切口。切开子宫前要衬垫、隔离、固定，防止胎水流入腹腔。为了防止胎羊窒息，不要急于剪断脐带，先清除胎羊黏液，倒提流出胎水，再用手捋脐带，使胎盘的血液流向胎羊体内，压迫胎羊胸部，待呼吸以后再剪断脐带。最后向子宫内放入抗生素（如四环素）2克，并用丝线或肠线缝合子宫，经清洗后将子宫送回腹腔，再用丝线依次缝合腹膜、腹肌皮肤。在腹壁闭合前，需注入大量青霉素等抗生素到腹腔，防止伤口感染。

（3）护理　难产的助产矫正：拉出胎羊后应对母羊与羔羊分别进行健康检查，并加强护理，置于清洁温暖圈舍内，铺垫软草，并禁止术后剧烈奔跑，避免肠道脱出。防止下水或受雨淋及伤口污染而发炎。术后应给母羊饮温热红糖盐水及易消化的草料。7日后逐渐恢复正常饲养。

十五、新生羊窒息（假死）

羔羊出生后窒息引起呼吸障碍或已停止呼吸，但其脐带和心脏仍在跳动，呈假死状态，称为新生羊窒息或假死。其病因是由于母羊产道狭窄、胎羊过大、胎位不正、助产延滞或大部分胎羊胎盘脱离了母羊体胎盘，胎羊得不到足够的氧气、或二氧化碳在羔羊体内聚积，过早地发生呼吸反射、吸入羊水造成新生羊窒息。也有因母羊过肥，胎羊在产道内过久或黏液、羊水堵塞气管，或母羊子宫强直性收缩，前置胎盘、脐带受到压迫或缠绕胎羊，造成胎羊胎盘或脐带分娩时血液循环障碍。此外，母羊患有严重高热疾病、大出血、贫血，使血液缺乏氧气，二氧化碳增加，刺激胎羊过早呼吸，造成吸入羊水，障碍呼吸道而窒息。经急救可提高新生出羔羊的成活率。

1. 症状

根据新生出羔羊呼吸障碍窒息程度可分成青色窒息和白色窒息两种。

（1）青色窒息 胎羊四肢活动减弱，黏膜发紫，舌垂于体外，口腔和鼻腔内充满黏液和羊水，胎羊呼吸微弱而急促，但有心跳，张口，胸壁剧烈扩张，有时短促咳嗽，听诊肺有湿罗音，脉搏快而弱。

（2）白色窒息 胎羊无活动能力，黏膜苍白，全身松软，无反射，呼吸停止，无脉，心跳微弱。

2. 防治方法

在母羊分娩刚产出的羔羊常出现假死现象。其急救措施如下。

① 擦去口鼻黏液，将产出假死的羔羊倒提起来拍屁股；或提起羔羊后肢，抖动并轻拍羔羊胸腹部，利于黏液流出，促进呼吸。

② 刺激呼吸疗法。用少许酒精或氨水涂擦于假死羔羊鼻上，刺激假死羔羊可使其复活。

③ 实行人工呼吸，先将产出假死的羔羊放在垫草或垫布上，用手握住前肢，前后伸屈，并用手掌轻压两肋和胸部，或往羔羊的鼻孔里吹气，使之恢复呼吸。

④ 用一手掌心对着羔羊头顶，食指、拇指卡住牙关。其余三指贴着腮部张开口抓起羔羊，然后将羔羊的口、鼻腔对着距术者的口 6～7 厘米处，术者口唇缩成圆桶形，往羔羊口腔内用力吹气 10 多次，有的假死羔羊便可恢复呼吸，慢慢动起来。如仍无效，再用力吹后，将其侧身放在稻草上，按摩其胸部，一般即可得救。

⑤ 因受冻而产出假死的羔羊，要迅速放入 35℃的温水中，将头露在外面，并不断摆动，再逐渐将水温升到 38～40℃，经温水浴后，擦干身体，这样可促使其呼吸。

⑥ 遇到个别分娩产出羊膜尚未破裂时，接产人员应立即用手将羊膜撕破，放出羊水，防止初生羔羊窒息而死。

⑦ 强心药物可选用樟脑水，安钠咖、25％尼可刹米，或用 0.1％肾上腺素溶液 0.5 毫升，皮下注射。或其他强心剂可刺激其呼吸。

⑧ 取山根穴（鼻镜下方正中有毛与无毛交界处，1 穴）针刺 1 厘米，并捻转针柄。

十六、产后瘫痪

产后瘫痪是一种严重的代谢紊乱性疾病，是指母羊分娩后突然发生四肢瘫痪，其主要特征是急性低血钙、全身肌肉无力、循环性虚脱、知觉丧失和四肢瘫痪、卧地不起。发生本病的原因很多，主要是饲养管理失调、饲料单一、营养不良，日粮钙、磷比例不当。在高钙饲养条件下，甲状旁腺机能降低，使肠钙的吸收减少，从而导致低血钙症。或接产时强行拉出胎羊，助产时间过长，使闭孔神经受到压迫和挫伤而引起麻痹。此外，母羊患有严重子宫炎等诱因均能促进本病的发生。

1. 症状

母羊分娩后体温、脉搏、呼吸及食欲等均无明显异常。本病唯一症状是母羊产后表现后躯无力、不能站起、四肢麻痹，日久病重者瘫痪卧地不起、食欲和反刍停止、体温下降、心跳变弱。若治疗不及时可引起死亡。

2. 诊断

根据母羊产生瘫痪症状可做初步诊断。确诊需实验室检验，血清钙、磷明显降低，而血清镁略有增加。

3. 防治方法

（1）预防　加强母羊妊娠期的饲养管理，保持适当运动，分娩后注意及时喂给矿物质饲料、多补喂骨粉。分娩前限制日粮中钙的含量，应喂给钙质较少的饲料；分娩后及时在日粮中混入维生素 D_2 及增加钙类饲料量，可预防本病发生。

（2）治疗　可选用以下疗法并对患羊治疗，加强护理，多垫清洁干草，每日翻身数次，防止发生褥疮。

① 中草药疗法　用麻黄、桂枝、杏仁、川芎、

白芍、生姜各 50 克，黄芩、甘草各 40 克，防己、党参各 60 克，水煎取汁，候温灌服。或十全大补汤加减，处方：党参、白术、当归、白芍、熟地各 20 克，黄芪、茯苓各 25 克，炙甘草、川芎、肉桂、桃仁、牛膝、川断、寄生、鸡血藤、香附、枳壳各 10 克，水煎灌服。若体温偏高，可改白芍为赤芍，改熟地为生地，并去肉桂，加元参、麦冬等；若子宫恶露不净，可加红花、益母草、莱菔子等；若不反刍，可加槟榔、砂仁等。或加味归芪益母汤：党参、白术、当归、黄芪、益母草、甘草各 30 克，白芍、陈皮、大枣各 20 克，柴胡、升麻各 10 克，水煎，候温加白酒100 毫升灌服。每日 1 剂，连服 2～3 剂。

②乳房送风疗法 先消毒母羊乳头及乳头管口，后将消毒后的乳房送风器乳导管或用 50～100 毫升注射器或打气筒代替插入乳头管中，固定后即可徐徐打入空气，使乳房皮肤紧张，弹击呈鼓响音为止；拔出乳导管，用胶布贴住乳头，不让空气逸出，如此完成一个乳室，再进行另一个乳室。乳房中打入空气操作应掌握送风量，使乳腺内的神经末梢受到刺激，传至大脑神经可提高兴奋性，增加乳房内压力，压迫乳房血管，减少乳房内血液、提升全身血压，抑制乳房使

其减少，或停止血钙流失。

③ 西药疗法　镇痛消炎用安痛定 10 毫升、青霉素 40 万国际单位、链霉素 50 万国际单位 1 次肌内注射，每日早晚各 1 次，连用 3～5 日。严重瘫痪不能起立者，可用 0.2％硝酸士的宁 5 毫升，1 次肌内注射，每日 1 次，连用 3～5 次。并用 10％葡萄糖酸钙溶液 50～100 毫升静脉注射可提高血钙血糖。

④ 针刺疗法　可用火针或电针等，火针穴位为百会穴、肾俞穴、肾棚穴、肾角穴，配穴取通关、蹄头等穴。电针穴位为百会、开风、肾门、丹田等穴，或选用百会、肾俞、肾棚等穴，每次 20～30 分钟。

第七章

羊的阉割技术

阉割术又称"去势"，俗称"劁骟"，是通过摘除畜禽的生殖腺（公畜禽的睾丸或母畜禽的卵巢），以中断其生殖机能的一种去势术。阉割术的目的是使畜禽性情温驯，便于饲养管理；肉用动物生长迅速，利于育肥，并使肉质细嫩；毛皮动物提高毛皮质量，同时节约饲料，淘汰不良种畜，利于选种配种。此外，还可治疗动物某些生殖器官的疾病，对羊来说，一般只阉割公羊。凡不宜作种用的公羔都要进行阉割，但如有必要，母羊也可阉割（卵巢摘除术）。传统阉割术的特点有手术器具简单、操作简便、安全、巧妙、速度快、效果好等，而且术后恢复快。传统畜禽去势术与现代兽医外科手术融为一体，改进和提高了阉割术，使之更加完善，术后减少了感染出血等并发症。

一、与阉割有关的羊生殖器官局部解剖特点

为了正确掌握阉割部位，了解器官构造、形态和

位置，避免阉割时发生手术失误引起意外事故而造成不应有的经济损失，需要先了解与阉割有关的公、母羊生殖器官部位的局部组织构造。

（一）公羊生殖器官构造特点

公羊生殖器官由睾丸、附睾、输精管、精索、阴茎等组成。其生殖器官的构造特点分述如下。

1. 睾丸

睾丸1对位于阴囊内，呈长椭圆形，睾丸实质呈白色。睾丸头位于上方，是血管和神经进入端。

2. 附睾

位于睾丸的后缘，分头、体、尾3部分，膨大部为附睾头，后为附睾丸体和尾。附睾由附睾韧带和睾丸尾相连，附睾韧带由睾丸尾延伸到阴囊的部分，称阴囊韧带。阉割时切断该韧带和睾丸系膜，才能摘除睾丸和附睾。

睾丸和附睾在胚胎期位于腹腔中，到达一定发育阶段才下降到阴囊里，如果到成年仍未下降，称为隐睾。隐睾是雄性不育的原因之一。

3. 输精管

输精管共两条，一端连接末段的附睾管（故此端起始于阴囊中），而后经腹股沟管上行入骨盆腔，开口于膀胱颈附近的尿道壁上。

4. 精索

呈扁平的圆锥形索状，其基部附着于睾丸和附睾上，顶部达腹股沟管内口。索内含睾丸动脉、静脉、神经、淋巴管、睾内提肌和输精管，外面包以固有鞘膜，并借睾丸系膜固定在总鞘膜的后壁。

5. 阴茎

阴茎是公羊的交配器官，基部着生在坐骨弓上，而后沿下腹壁前行，达脐部附近。

（二）母羊生殖器官构造特点

母羊生殖器官由卵巢、输卵管、子宫、阴道等器官组成。各器官的形态、位置、构造特点如下。

1. 卵巢

卵巢共有 2 个。当年的母羔卵巢长约 1.5 厘米，呈椭圆形，由卵巢系膜将它悬挂在腰角下方。羊的卵巢和牛、猪的卵巢外表没有浆膜覆盖，卵泡可在卵巢表面任何部位排卵。母羊羔的卵巢囊较薄，呈红色。

2. 输卵管

母羊的输卵管共有两条，是连接卵巢和子宫角的管道，同卵巢一起悬挂在卵巢的输卵管系膜上。输卵管分为两段，近卵巢段称为输卵管壶腹部，是受精部位；近子宫段较细，称为输卵管峡部。输卵管的一端直接与子宫角的尖端相通，另一端扩张形成输卵管伞，向腹腔开口。羊的输卵管较猪的直而短，与子宫角没有明显的界线。

3. 子宫

母羊子宫俗称"子肠"，子宫分为子宫角、子宫体和子宫颈 3 部分。母羊的子宫体长约 2 厘米，空怀时子宫体位于骨盆腔中。子宫角呈绵延状态弯曲，长10～12 厘米，子宫角后部约有 3 厘米长，左右结合在一起，在骨盆腔或者垂于腹腔。

4. 阴道和外生殖器

阴道和外生殖器是整个生殖器官通向体外的管道。外生殖器由两片阴唇构成阴门，在阴门下方联合处有一隐窝，阴蒂位于其中。阴蒂上有许多神经感受器，以接受交配刺激。

二、术前检查

羊只阉术前，需做简单的健康检查和术部检查，无病即可阉割。

（一）一般健康检查

对病羊简易识别方法简介如下。

（1）看采食和放牧　病羊食欲减退或废绝，拒吃食草和料，放牧时行走很慢，落群，喜孤立一旁或喜卧在地上。

（2）看神态　病羊精神萎靡，低头迟钝，皮毛干乱。病羊排粪努责，粪便发干，无光泽；或消化不良或拉稀粪，有时带黏液或带有脓血和寄生虫等；或粪稀如水一样并有腥臭味。

（3）检查体温和呼吸　羊的正常体温为38～40℃，病羊或高、或低于这个指标；健康羊每分钟呼吸12～20次，病羊呼吸次数增加，表现为呼吸困难。

（4）检查瘤胃和反刍　手触摸羊左侧胁，健康羊瘤胃软而有弹性；病羊瘤胃硬或膨胀，反刍时间过迟或过短，次数减少或完全废绝。

（5）检查黏膜　病羊眼结膜潮红、苍白、黄染、发绀等。

（二）术部检查

　　阉割施术前需要对术部阴囊和睾丸进行检查，如阴囊有无肿胀、损伤、水肿和皮肤病等。如有，需暂停手术，检查阴囊内有无睾丸；如阴囊内没有睾丸又未经过阉割，怀疑是隐睾，则应按隐睾阉割法施术。睾丸与阴囊壁之间有连接，睾丸不易滑动，阉割时需在阴囊上找合适的切口。如阴囊内除去睾丸、附睾和一般精索还有松软物，而且阴囊时大时小，这是阴囊疝的症状，应按阴囊疝阉割法施术。对年龄较大、腹股沟环口过大的羊，为防止阉割时肠管脱出，应用无血去势的扎骗术。触诊若有肠管等腹腔器官坠入阴囊，为阴囊疝或腹股沟管疝，阉割需要用阴囊疝气阉割法。

三、羊阉割术掌握"七不阉"，能减少阉割羊的死亡率

　　（1）病羊不阉　羊在流行传染病时，耳根的皮温超过或低于正常体温、患有疾病以及瘦弱羊不可阉割。

（2）发情期不阉 因羊在发情期输卵管红肿、充血，发情期施行阉割易出血，需等发情期过后进行，以防施术时流血过多，易造成死亡，或阉后易重新发情。

（3）饱食后不阉 因为饱食后阉羊易伤胃肠，会影响阉羊的消化和生长，同时会增加腹内压影响顺利施术。为保证施术顺利进行，阉割前要禁食半日，以减轻腹内压。

（4）炎夏中午不阉 炎夏中午气温特别高，母羊阉后输卵管如不结扎易引起出血过多，而导致死亡。

（5）无消毒不阉 阉割前术部要剃毛，用5％碘酊消毒术者手，手术刀用75％的酒精消毒，以防止术部细菌感染发炎和其他病菌通过阉割部传播。

（6）阴户大的母羊不阉 因为阴户大的母羊输卵管粗壮，卵巢系膜毛细血管充血，阉割时易大出血。如确需对其加以阉割，就要对这种母羊先用消毒过的细线牢固地结扎住卵巢系膜后，方可切除卵巢。

（7）怀孕羊不阉 母羊阉术前需要对其是否妊娠检查清楚，对已妊娠的母羊不宜进行阉割，防止引起流产，甚至死胎。

四、羊阉割时的消毒和灭菌

保持阉割术区和接触手术区的器械、物品及术者手臂的无菌，严格预防阉割创口感染是保证阉割术成功的最重要、最基本的条件之一。因此羊的阉割必须应用药物消毒灭菌的方法，抑制或杀灭手术区羊体皮肤、被毛上的污物，手术器械、术者手臂和身上的病原微生物，这在预防手术创口感染上具有重要意义。

1. 施术场所的消毒

施术场所必须在术前打扫干净，然后用 3% 来苏儿或 5% 漂白粉等消毒药液喷洒消毒。

2. 手术部位的消毒

术前除毛和进行皮肤消毒。除毛常用剪刀剪毛后剃毛，也有用脱毛剂如 5%～8% 硫化钠溶液及硫化钡糊剂（硫化钡 50 克、氧化锌 100 克、淀粉 100 克，加水调成糊状）去毛，去毛后用肥皂水洗净擦干。术部皮肤消毒常用 70% 酒精或 0.1% 新洁尔灭溶液消毒 5 分钟，有良好的消毒作用。

3. 阉割器械的消毒

（1）煮沸法 此法适用于金属手术器械和缝合材料的消毒。一般煮沸时，将金属手术器具放在水中煮沸20～30分钟，以防生锈。如在水中加2%碳酸钠溶液，不但能中和水中二氧化碳，防止金属器具生锈，而且能提高水的沸点到102℃，缩短灭菌时间10～15分钟。

（2）蒸汽法 对于手术衣、帽、创巾及器具的灭菌，通常采用高压蒸汽法灭菌，用15磅（此处为磅力，1磅＝0.4536千克）压力（达121.5℃）维持30分钟，然后将高压锅内冷空气排尽。农村常用普通的蒸笼蒸1～2小时，也有良好的消毒作用。

（3）化学药品消毒法 用的化学药液较多，阉割器具消毒药液常用0.15%新洁尔灭溶液1000毫升，加医用亚硝酸钠配成药水，将阉割器具浸泡1小时或用70%酒精、3%～5%来苏儿溶液浸泡30分钟，都有良好消毒作用。缝合线常用2%福尔马林或70%酒精浸泡30分钟消毒。

4. 术者手臂消毒

术前，术者的手指甲必须剪短磨光，用肥皂水反复刷洗。

五、公羊阉割法

1. 阉割的年龄与时间

公羊多以出生后 1～3 月龄时实行阉割术；也有在羔羊出生后 2～3 周结合断尾进行阉割术，但对其生长发育有一定影响。一般出生后 1～3 月龄的羔羊，春季草反青后，无蚊虫时阉割较为适宜。在牧区多在羔羊吃上青草时，结合断奶分群施行阉割术，有利于羔羊发育和术后护理。也有在 1～2 岁时阉割的。但阉割过晚容易引起失血过多或发生早配现象。阉割的时间除寒冷冬季外，一般不受限制，以春季阉割为宜。阉割尽量在晴天无风早晨施术，以便于观察和管理。

2. 器械与药品

羊阉割器械有阉割刀、手术剪、止血钳、捻转钳、缝针和缝线（常用丝线绳或棉线绳）等，火割用烙铁一把。另备有消毒药品，如 70％酒精或 5％碘酊，或用 2％来苏尔溶液等消毒液。

3. 阉割场地

阉割场地应选在平坦、干燥、宽敞和清洁的场地。施术前地面上铺一块清洁的塑料布，防止灰尘飞扬，也可在草地上施术。

4. 术前

阉割术前羊禁食半日，可少量饮水，以免保定时尤其因肚腹过饱，肠胃及其他脏腑被伤。

5. 保定方法

为了保证安全顺利地进行阉割术，术前必须对公羊阉割保定，应按羊的年龄和体形大小选定适当的保定方法。常用倒提保定法和侧卧保定法。

（1）倒提保定法　适用于体形较小的羊，将羊的两后腿提起，保定者用两腿夹住头颅，使羊立起，羊的腹部向着术者（见图 7-1）。

图 7-1　倒提保定法

（2）倒卧保定法　适用于体形较大的羊，保定者站在羊的左侧，两手通过羊的腹下，左手握住左侧前肢，右手握住左侧后肢，并提拉羊即成左侧卧倒姿势，倒后用手按住羊四肢或用短绳缚住（见图7-2）。

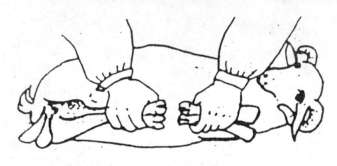

图 7-2　倒卧保定法

（3）抱起保定法　此法保定简单易行，保定牢固，适于羔羊的保定。保定方法是助手抱起羊，使羊背朝向助手怀里，术部朝向术者，头向上、臀部向下，用两手分别握住同侧的前后腿抱提羊保定（见图7-3）。

6. 阉割前的准备

羊阉割术前，术部先剪毛、剃毛、洗净、擦干，用70％酒精涂擦，再涂5％碘酊，最后用70％酒精脱碘或用0.1％新洁尔灭涂擦2次消毒。手术同时注射破伤风抗毒素预防破伤风。

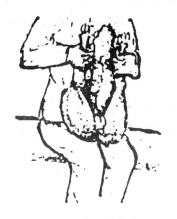

图 7-3　抱起保定法

7. 公羊阉割方法

（1）刀切法　常用有纵切法和横切法两种。纵切法需要两人配合，将阉割的公羊保定以后，术者用碘酊对羊阴囊进行消毒，然后一手握住阴囊上方，以防羔羊的睾丸回缩；另一手用消过毒的刀在阴囊的前面或后面，即在阴囊缝隙两旁的下部做平行缝隙的纵切口至阴囊底（见图 7-4、图 7-5），切口一般为睾丸纵径 1/3～2/3，以睾丸比较容易从切口中脱出为宜。切口长度约为阴囊长度的 1/3，再将睾丸挤出，撕开阴囊系膜，捻转并刮挫离断精索。另一侧睾丸也按以上方法取出。也可采用切开阴囊的纵隔法取出。最后在切口处涂碘酊，撒消炎粉。横切法采用一人将羔羊

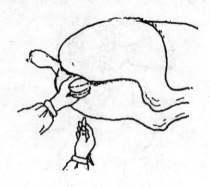

图 7-4　纵行切割阴囊壁

虚线为切口

图 7-5　切割睾丸的手势

两后肢倒提保定，用两腿夹住羊的头颈，使羊腹部向术者倒垂，术者做垂直缝隙的横切口，将羊的睾丸挤出，用上法除去睾丸。

注意事项及术后护理：术后将羊放进干净且干燥的羊圈内喂养，勤换垫草。注意保护，加强饲养管理，喂给青绿软嫩的饲料和营养丰富的青料，采取多次少量喂法，可促进切口迅速愈合。同时注意不能下水，切口要防雨淋和污染。若发现有切口感染或出现全身症状，应及时对症治疗。

（2）无血去势法　用无血去势钳在羊的阴囊处钳夹精索，切断血液供应，使睾丸变性而丧失机能，从而达到去势的目的。具体方法是：在阴囊颈部间距1～2厘米处，钳夹挫压两侧精索2次，每次持续1分钟。术后阴囊和睾丸比正常的肿大2～3倍，1周后可自行消失，约经3周时间睾丸可明显地变性、萎缩，丧失机能。使用此法只要操作正确就不会出血，并可防止继续发病。

（3）采用结扎术　结扎术简便易行，不用刀具和药品，防止切口发炎和破伤风致死。去势前将被去势公羊侧卧保定，助手蹲在公羊的背侧，用两手握牢羊的睾丸，将睾丸固定住。去势手术时，术者站在公羊的腹侧，将两端拴有木棒的绳索在精索部（阴囊颈部）缠绕1周，双脚踩住下端的木棒，两手抓住绳索另一端木棒，直腰屈臂用力拉绳索，坚持拉绳索4～6分钟即可达到目的（以感觉精索被勒断为度，但阴囊颈部皮肤不宜破损）。除太小的公羊不宜施用此术外，一般的公羊均可施用这种去势术。

（4）橡皮筋结扎去势术　公羊出生后 10 日左右，用橡皮筋或橡皮圈去势，该方法简便易行，无不良反应，且能防止阉割的刀口发炎或破伤风致死。去势后阉羊性情温驯易于管理，4～6 个月育肥。具体操作方法：将羔羊保定，把睾丸挤进阴囊内，用一只手的拇指、食指捏住，不让睾丸滑进腹股沟，另一只手把橡皮圈套在阴囊颈部。用固定睾丸的那只手的拇指把橡皮圈的一点压在阴囊基部，另一只手的拇指、食指拿着准备好的橡皮筋或橡皮圈的一侧在阴囊颈部缠绕。在缠绕时要注意排列整齐，依次压紧，使血流完全终止。缠到最后，到橡皮圈达到最小时套在阴囊颈部即可。扎好后 10～15 分钟阴囊发凉。一般 7～10 日阴囊皮肤和睾丸即可干死脱落。结扎部上端伤口愈合良好。此法最适于 7～15 日龄的公羔，半岁以内的羔羊皆可获得去势效果。但随着年龄的增长，成功率会降低。

（5）公羊新法结扎去势术　新法结扎去势术，即附睾体摘除术，效果确实可行，与输精管结扎手术对比，具有手术简便易行、时间短、保定及施术方便、切口小、不需要缝合、术中出血少、术后感染及肿胀机会少、不需特别护理等优点。待阉羊站立、横卧均可。站立保定后，手术要错开肛门，以免手术疼痛引起排便反应等污染伤口造成感染。羊横卧保定较安全，横卧保定时，最好在早上空腹时进行，羊饱食后对施术不利。

（6）公羊精索勾断去势术 采用该去势术无需任何器械和药品，只用手指勾断羊的精索，中断其对睾丸的营养供应使其逐渐萎缩、干化，失去生殖功能，达到去势的目的。操作方法是：保定人两手抓住待去势公羊的两前肢，羊背部朝向保定人，使羊臀部着地，羊身和地面呈 45 度角。术者蹲或坐在去势羊的前面，在勾断左侧精索时，保定羊只的人应使羊的臀部右侧着地，术者用右手握住羊左侧睾丸向后方牵引，用右手食指勾住左侧精索向上方勾断。勾断右侧精索时，使羊的臀部左侧着地，术者用左手握住羊的右侧睾丸向后方牵引，用右手勾住右侧精索向上方勾断，即完成去势过程。

去势后要及时检查羊只两侧精索是否勾断，若没有勾断，需再做手术。配过种的山羊不能采用本法，因为种山羊精索粗硬，不易勾断。同时要准备消毒器械与药品。去势后的羊只应有专人看护，勿使其卧地，要让羊站立或慢慢地走动，不能远牧，防止出血。一般 1～2 日即可恢复。

（7）隐睾公羊去势术　保定方法用倒提保定法，即由助手用手捉住羊的两后肢跗关节处，两腿夹在羊的颈部，使羊腹下部面向术者或将两后肢吊起，使其前肢悬空。

阉割术操作方法是术部剪毛、消毒后，在腹白线旁 1 厘米左右处做一与腹白线平行的切口，避开腹白线。切口长 3～4 厘米（随羊的大小而定）。术者用手食指伸入腹腔，在肾的后方与骨盆前缘之间触摸睾丸，并将睾丸牵引切口外。或用镊子将切口撑开，观察睾丸在腹腔内的位置，并将它夹至切口外。接着结扎，切断精索，除去睾丸，最后将腹膜、肌肉层做次连续缝合，皮肤行结节缝合或锁边缝合。最后在切口处涂碘酊消毒，防止发炎。

（8）公羊绳勒去势术　取 1 根直径约 0.5 厘米、长 70 厘米的绳索（以棉麻等绳为好，皮绳最好），绳的两端各拴 1 根直径约为 5 厘米、长 25～30 厘米的木棒。被阉公羊侧卧保定，用两手握牢羊的睾丸并固定住。术者将两端拴有木棒的绳索在精索部（阴囊颈部）缠绕 1 周，双脚踩住下端的木棒，两手抓住绳索的另一端木棒，用力拉绳索 4～6 分钟，以感觉精索被勒断为度。注意阴囊颈部不能破损，太小的公羊不宜施用本法。

8. 术后处理

羊术后放进消毒、洁净且干燥的羊圈数日，单独喂养。不可喂饱食，以免影响切口愈合，同时切口术后愈合前不得下水，并注意护理，防止切口感染。

六、母羊阉割法

对不宜作为繁殖用的母羊要及时阉割，促进育肥。阉割后的羊不仅肉质细嫩、屠宰率高，且羊肉膻味少。

术前检查和准备：阉割术前需对阉割的母羊进行健康检查和发情情况的观察。通过检查和观察确认健康无病和未处于发情期才能进行阉割，以免术后加重病势和造成阉羊死亡。术前应禁食半日，以减轻腹内压，便于施术。母羊阉割需要妥善保定，摘除母羊卵巢方法简介如下。

（一）保定方法

术者坐在木凳上，用右脚掌踏住羊的颈侧；拉直羊体后，再用左脚踏住羊的左后肢的趾部，使羊呈前身侧卧后躯仰的姿势。体大母山羊保定取右侧卧，用绳索捆住前蹄，一人按住羊角和头肩部，另一人在羊正后方按住其后肢。

（二）阉割方法

母羊阉割术的切口位置在髋结节前下方3～7厘米处，根据羊的大小和饥饱程度具体定位（一般大羊应略向前，小羊略向后；饱羊略向后，空腹羊略向前）。

阉割操作方法：术者以右手抓羊的右后肢，左手捏住右后肢的股阔筋膜张肌，使羊左侧着地，用左脚踩住羊的右侧颈部，再使右后肢向后伸张，并用后脚踩住右后肢使之绷紧，羊呈半仰卧姿势。术前用热水擦净术部，将术部剃毛、消毒后，术者右手持消毒手术刀，左手食指或中指固定羊的右侧髂骨内角，以大拇指压定手术部位，用手压迫；然后用刀尖在术部将皮肤划破做3～5厘米长月牙状切口，再用刀柄尾端或食指顶破皮下肌肉和腹膜，右手食指随切口伸入腹腔，在髋结节前下方，膀胱与直肠之间，摸取卵巢或子宫角。子宫角的硬度稍大于小肠，将指端沿子宫角向前部滑动至子宫角与输卵管交界处，将其用指尖压住沿腹壁向外钩出切口外，顺输卵管牵出一侧卵巢。然后再按上述方法摘除另一侧卵巢、输卵管及子宫角。将两侧卵巢及输卵管用缝合线结扎后切除卵巢（不发红时可不结扎），再把两侧子宫角轻轻送入还纳腹腔。为了防止创口发炎，在切口撒入磺胺消炎粉或青霉素粉。最后按常规把腹膜、腹肌与皮肤缝合，给术部创口涂上碘酊消毒，以免影响伤口愈合或创口感染。

（三）术后护理

术后将阉羊放入干净、干燥的羊圈舍内精心饲养，喂给容易消化的精饲料增加阉羊的营养，促进切口迅速愈合。搞好护理，注意圈舍卫生，防止寒风侵袭、雨淋和污染切口，术后3～5日不要放牧，禁止下水，以免影响创口愈合或引起创口感染。若有局部感染或全身症状需及时对症下药。

此外，还可采用以下方法摘除母羊卵巢。

1. 腹下阉割法

腹下阉割法阉割母山羊快速、简便、易学，特别是大大缩短施术时间，可以减少术中切口的感染机会。用力压迫，然后用刀尖在术部将皮肤划破做2～3厘米长的一道口，再用刀柄尾端或食指顶破皮下肌肉和腹膜，并伸入到膀胱窝，轻轻勾出卵巢、输卵管及子宫角。将两侧卵巢及输卵管用缝合线结扎后切除卵巢，再把子宫角轻轻送入腹腔；最后按常规把腹膜肌肉一次缝合，给创口涂上碘酊。

术后护理：羊阉割术后需放于干燥、清洁、温暖圈舍内另群饲养，专人看护休息，饲喂要多次少量，增加营养，喂给软嫩青绿饲料和容易消化的精料如麦皮、豆类。促进切口迅速愈合。阉羊切口接近愈合时发痒、需防止羊啃咬以致皮肤损伤，不能远牧，防止出血。切口未愈合前禁止下水，防止创口感染。注意观察运动和采食情况，一般1～2日即可恢复。若发现有局部感染或全身症状，应及时治疗。

2. 卵巢阉割法

利用母羊子宫角短、卵巢固有韧带与子宫阔韧带和骨盆腔侧壁联合成为一只袋口向前的"口袋"，卵巢附着位置又刚好基本上在袋口游离部分的中间等解剖特点，术者手指伸入母羊腹腔后，只要在骨盆腔入口处沿着腹壁向后上方挑（实际上是手指伸入袋口向后上方挑，使子宫阔韧带游离部分绷直），待手指被子宫阔韧带绊住，不能再向后上方挑起时（此时袋口已呈以骨盆腔侧壁为底边的等腰三角形，卵巢则恰在术者手指的背侧），再用阉割刀柄代替手指，撬住韧带，然后配合手指慢慢向皮肤切口拉出，卵巢也随之而出。用同样的方法取下侧卵巢。

3. 老羊育肥简易阉割法

有些老龄母羊繁殖率低，多数体质瘦弱，但是如果给这些老母羊切除卵巢（去势）则出血多，对养殖不利。母羊简易去势法介绍如下。

手术部位：在羊的右腹下部距腹中线 4～5 厘米，与右侧髂骨内角相对处。阉割方法：同母羊。

七、羊的阉割并发症

在羊的阉割施术中，由于品种、个体及生理上的差异，施术者熟练程度的不同，如手术操作不正确、操作粗暴，未能按照无菌操作规程、术前未检查、术部不正确、术后护理不当等，都能使羊在阉割后发生各种并发症，轻者使羊体生长发育受阻，重者可引起死亡。

（一）切口发炎肿胀

羊的阉割多因器械或施术中消毒不严和阉割操作过程中时间过久引起感染和化脓，术后1～2日阴囊部常发生肿胀，数日后会自行消退，不必治疗。如肿胀，防治方法为：要求术前对手术部位、阉刀必须消毒。术毕阴囊切口不整齐或过小、阴囊内渗出血水、不能通畅排出或术后护理不当、伤口污染等，刀口撒少许磺胺结晶消炎粉或百草霜（锅底灰）。若发炎，可用中草药：荆芥、薄荷、花椒、艾叶各25克，水煎取汁后温水清洗伤口，或用0.1％高锰酸钾溶液或0.01％～0.05％新洁尔灭溶液反复冲洗术部，除去坏死组织，然后撒布消炎粉至创口愈合。如有体温升高时，可用青霉素或磺胺类药物治疗。腹下部肿胀或感染化脓也需要抗生素消炎。

（二）子宫与小肠粘连

由于探摸卵巢时间过长，子宫及肠的浆膜层易发生充血、损伤、炎症，术后引起粘连，影响小肠正常消化功能，严重的会导致肠坏死。注意手术后在术部向腹内滴入 5 毫升左右清洁的植物油，能有效防止其粘连。

（三）小肠腹壁粘连

因腹膜过嫩，施术时撕裂加宽，术后虽经清理（食指深入小肠与腹壁下旋转一周），小肠仍还纳于腹肌切口间而发生小肠与腹壁粘连。只要在术后将腹膜缝合数针即可。

（四）小肠及肠系膜脱出切口外

常因阉羊阉割术后起立时腹压过大或阉割时过度牵拉，或术中羊强烈挣扎等引起小肠及肠系膜术后脱出。发现肠脱出，应对肠加以保护，不使其受伤和破裂。及时用每毫升含 1000 国际单位青霉素的温生理盐水洗涤，然后将脱出的肠管送回腹腔，随后缝合伤口；如脱肠发生污染或受到损伤，则需要清洗消毒、修补损伤的小肠、肠系膜，必要时切除损伤肠段，施行肠吻合术，还纳于腹腔。

（五）肠脱出

为了避免羊阉割后小肠脱出，阉割公羊不宜过早，防止因肠管空虚而易通过鞘膜管进入阴囊内。阉割时切勿过度牵拉精索，使腹股沟管变大。术后强烈挣扎、伏卧等引起肠脱时，将羊倒立或仰卧保定，将脱肠用每毫升含 1000 国际单位青霉素的温生理盐水洗，将肠从腹股沟还纳腹腔。若肠脱还纳有困难，可扩大腹股沟管外口，还纳肠后缝合腹股沟外口及皮肤创口。此外，皮肤切口同肌层腹膜钝性分离的通路要相互适当错开，术后还应保持阉羊安静，注意全身疗法。

（六）阉后发情

如果手术切除母羊卵巢不彻底，会造成母羊阉后发情。母羊阉割时，应将输卵管、卵巢及其蒂部和巢卵伞部一次切除。

（七）阉后大出血

公羊年龄较大，睾丸的精索内血管粗厚而弹性较小，如果阉割拉出睾丸时用力过大，即会因血管破裂而引起出血；火阉时烙铁过热，将血筋断端烙焦，焦疤掉后引起术后出血；扎阉时结扎过松滑脱出血或过紧勒破血管都会出血；术后羊奔走活动或互相踢咬等也能引起术后出血。如阴囊壁毛细血管阉后出血呈点滴状，可用冷水洒羊的腰背或用针刺断血穴止血，或用侧柏叶炭 10 克、地榆 10 克、血余炭（头发灰）10克、白芨 20 克共研细末撒布伤口，也可填塞消毒纱布浸生理盐水压迫止血。若阉羊术后大出血，应迅速将阉羊放倒、保定，用消毒过的丝线进行结扎精索、断端血管止血，如因精索过短不能结扎时，可用止血钳夹住血筋，或用填塞消毒纱布浸生理盐水压迫止血，必要时注射止血针剂，如安络血、仙鹤草素和止血敏等注射液。处于发情前期的母羊，外阴无变化，卵巢、卵巢伞、输卵管变粗，充血明显。阉割后应在切口上 1 厘米处行贯穿缝合结扎，防止卵巢等切除后结扎线脱落，可有效防止因阉割大出血而引起死亡。对阉羊加强护理，因术后大出血羊体虚弱，应喂给营养丰富的草料，并服用十全大补汤（当归、川芎、白芍、熟地、党参、茯苓、甘草、白术、黄芪、肉桂）。

（八）破伤风

阉羊消毒不严、术后疏于护理、圈舍不洁，造成伤口感染破伤风梭菌，经伤口侵入羊体，阉割后一定时间里出现伴发病，死亡率极高，几乎达 100%，必

须将羊安置于安静而黑暗的圈舍内，避免光线和噪声的骚扰，及时处理伤口和对症治疗。（有关破伤风的症状、诊断和防治方法参见第三章：羊常见传染病防治）。

参 考 文 献

[1] 江苏农学院，山东农学院．家畜传染病学．上海：上海科学技术出版社，1917.

[2] 沈正达．羊病防治手册．北京：金盾出版社，2014.

[3] 高本刚．养羊与羊产品加工技术．北京：人民军医出版社，2001.

[4] 计伦．牛羊病诊治与验方集粹．北京：中国农业科学技术出版社，2004.

[5] 钱义明．新编羊病诊断与防治．呼和浩特：内蒙古科学技术出版社，2004.

[6] 张泉鑫，朱印生．羊病中西医综合防治．北京：中国农业出版社，2014.

[7] 高本刚，凌明亮．禽兽阉割技术手册．北京：中国农业出版社，2002.